U0965241

农村信息服务技术及应用

高万林　王建仑　陶莎　于丽娜　张彦娥　著

中国农业大学出版社
·北京·

内容简介

本书围绕农村信息服务技术及应用，对相关理论、方法、技术、模式和典型应用进行了分析论述。主要内容包括：概述、农村信息服务发展现状、农村信息化"一才三务"服务模式、农业信息化"3×3架构"服务模式、农村信息服务技术集成及应用案例，并附录有部分农村信息服务相关媒体信息，方便查阅。

本书可供相关科研人员以及相关专业的本科生、研究生参考。

图书在版编目(CIP)数据

农村信息服务技术及应用/高万林，王建仑，陶莎，于丽娜，张彦娥著.
—北京：中国农业大学出版社，2015.4(2016.12重印)
ISBN 978-7-5655-1223-0

Ⅰ.①农… Ⅱ.①高…②王…③陶…④于…⑤张… Ⅲ.①农村-情报服务
Ⅳ.①G358

中国版本图书馆CIP数据核字(2015)第079305号

书　名　农村信息服务技术及应用
作　者　高万林　王建仑　陶莎　于丽娜　张彦娥　著

策划编辑　梁爱荣　席　清　　责任编辑　梁爱荣
封面设计　郑　川　　责任校对　王晓凤
出版发行　中国农业大学出版社
社　址　北京市海淀区圆明园西路2号　　邮政编码　100193
电　话　发行部010-62818525,8625　　读者服务部010-62732336
编辑部010-62732617,2618　　出　版　部010-62733440
网　址　http://www.cau.edu.cn/caup　　E-mail cbsszs@cau.edu.cn
经　销　新华书店
印　刷　涿州市星河印刷有限公司
版　次　2015年4月第1版　2016年12月第4次印刷
规　格　787×980　16开本　8印张　95千字
定　价　26.00元

前 言

随着新一代信息技术为先导的信息化浪潮席卷全球，提高农村信息服务的质量和效率、带动农村和农业信息化建设已成为提高农民素质，促进农业产业结构调整、转型、升级，加快新农村建设进程的关键所在。

本书从新农村建设的目标逆向倒推，借鉴反馈控制理论，研究得出新农村信息化建设体系，辨析研究了农业信息化与农业电气化、农业信息数字化、农业智能化、农业自动化、农村信息化、农业现代化等的内涵，探讨了它们之间的相互关系及作用，明确了信息化建设的方向；进一步研究厘清了农业信息化与农村信息化的主要内容及辩证关系，消除了二者长期混用的问题。同时，深入分析了国内外农村信息服务发展现状，总结了农村信息服务发展的经验与启示。在此基础上，研究创立了"四位一体"的"一才三务"服务模式，以"农村信息化人才培育"为引领、以"村级电子政务" 和"村级电子商务"双轮驱动、通过"综合信息服务"，使信息进村入户；研究凝练了农业产前、产中、产后信息化的核心内容，建立了农业信息化三个方面各三个核心内容的"3×3 架构"服务模式，抓住了主要矛盾并找到了矛盾的主要方面。最后，本书精选农村信息服务中信息采集、信息交换、信息管理、信息服务及服务终端的典型技术集成及应用实例进行了简要介绍。

本书由中国农业大学信息与电气工程学院高万林教授所带领的农村信息服务研究团队成员完成，主要分工是：高万林撰写第 1 章；于丽娜撰写第 2 章；陶莎撰写第 3 章；张彦娥撰写第 4 章；王建仑撰写第

5章。全书最后由高万林统稿。本书凝聚了农村信息服务研究团队科研人员的智慧和见解，希望本书的出版能在推动我国农村信息服务技术及应用中起到抛砖引玉的作用，为社会主义新农村建设贡献力量！

在本书撰写过程中，参考和借鉴了大量的中外文资料，借此机会，向这些参考文献作者表示诚挚的谢意。由于篇幅所限，我们未能一一列出所有参考文献，还有部分参考文献来自网络，无法列出作者姓名。在此，我们对未能列出的参考文献作者表示深深的歉意和诚挚的谢意！

仅在本书出版之际，感谢张领先副教授、彭波教授、陈瑛副教授、冀荣华副教授对本书结构和内容提出的宝贵建议，感谢张港红、何志辉、陶红燕、史昕、王双玲、赵龙在本书策划和撰写过程中所做的工作，感谢晋艳云、任延昭、陈雪瑞、胡慧、王洁、孙文霞、韩孟、朱佳佳、段晶洁、李静、李鑫、李军、王鑫、刘天麒、史春雷等调研并整理了大量数据和资料，感谢中国农业大学出版社编辑，感谢所有对本书给予支持和帮助的领导、同事和同仁！

本书出版得到了“十二五”国家科技支撑计划课题“低成本体验式农村信息服务关键技术与终端研发”（课题编号：2012BAD35B02）的资助，特此致谢。

由于信息技术的发展日新月异，农村信息服务技术及应用必将越来越广泛和深入，加之作者的学识、水平和能力有限，书中难免存在疏漏与不足之处，恳请各位专家、学者和广大读者批评指正。

著　者

2015年3月

目　　录

第 1 章

概　　述

信息作为继物质和能源之后的第三大资源，是支撑国民经济和社会发展的三大支柱之一。21 世纪将是一个全面信息化的时代，随着现代通信技术和计算机技术的迅猛发展，信息被赋予了新的内涵。信息作为一种新型的生产要素在一定程度上促进经济增长和社会进步。信息服务完善的程度已成为信息化发展水平的重要标志之一，信息服务的广泛需求也是促进信息技术进步的源动力。

我国是个农业大国，农业、农村和农民问题一直是我国国民经济和社会发展的重大问题。农业既要承受自然灾害的损失，又要面临市场经济和信息不对称带来的风险，还会受到其他社会政治等因素的影响。我国农业弱质、农村弱化、农民弱势，还没有从根本上得到改变。“三农”问题日益引起社会各界的广泛关注。农业、农村和农民，最需要切实有效、便捷廉价的信息服务，只有把农村信息服务技术真正应用到农业领域，引导农民通过信息服务提高农业生产技术，提高农产品质量管理水平，缩短农产品流通时间，逐步提升农产品市场竞争力，才能真正实现农业增产、农村增效、农民增收。

农村信息服务技术及应用，是推进新农村信息化的载体、抓手和有效方式，是贯彻以需求和问题为导向的实践过程。因而，本章根据开展农村信息服务的实际需要，在首先简要介绍了新农村信息化建设体系、关系论、阶段论的基础上，阐明了农村信息服务的概念、对象、主体、内容、策略、传播渠道和方式，明确了农村信息服务的战略地位和发展重点，并进一步简要论述了农村信息服务与新农村信息化的关系，为有效开展农村信息服务奠定了基础，指明了方向。

1.1 新农村信息化概述

信息服务是利用信息技术进行信息获取、存储、传输、处理、发布和利用等，从而满足信息服务对象的信息需求的过程。信息服务也是传播信息、交流信息，实现信息增值的一项活动。面向农村开展信息服务是新农村信息化建设的重要内容。因此，首先需要对新农村信息化的相关理论进行简要介绍，以便深入理解和掌握农村信息服务在我国新农村信息化推进过程中的战略地位和发展重点。

1.1.1 新农村信息化建设体系

根据新农村建设“生产发展、生活宽裕、乡风文明、村容整洁、管理民主”的总体目标，我国新农村信息化建设体系如图 1-1 所示。

新农村信息化的核心内容包括产前、产中、产后农业信息化和以农村经济、管理、文化、社会服务为主的农村信息化。

1. 农业信息化

农业信息化是信息技术在农业领域应用的状况和程度。农业信息化也是培育和发展以计算机为主的智能化工具为代表的新的生产力，并使之应用于农业的过程。农业信息化是农业全过程的信息化，

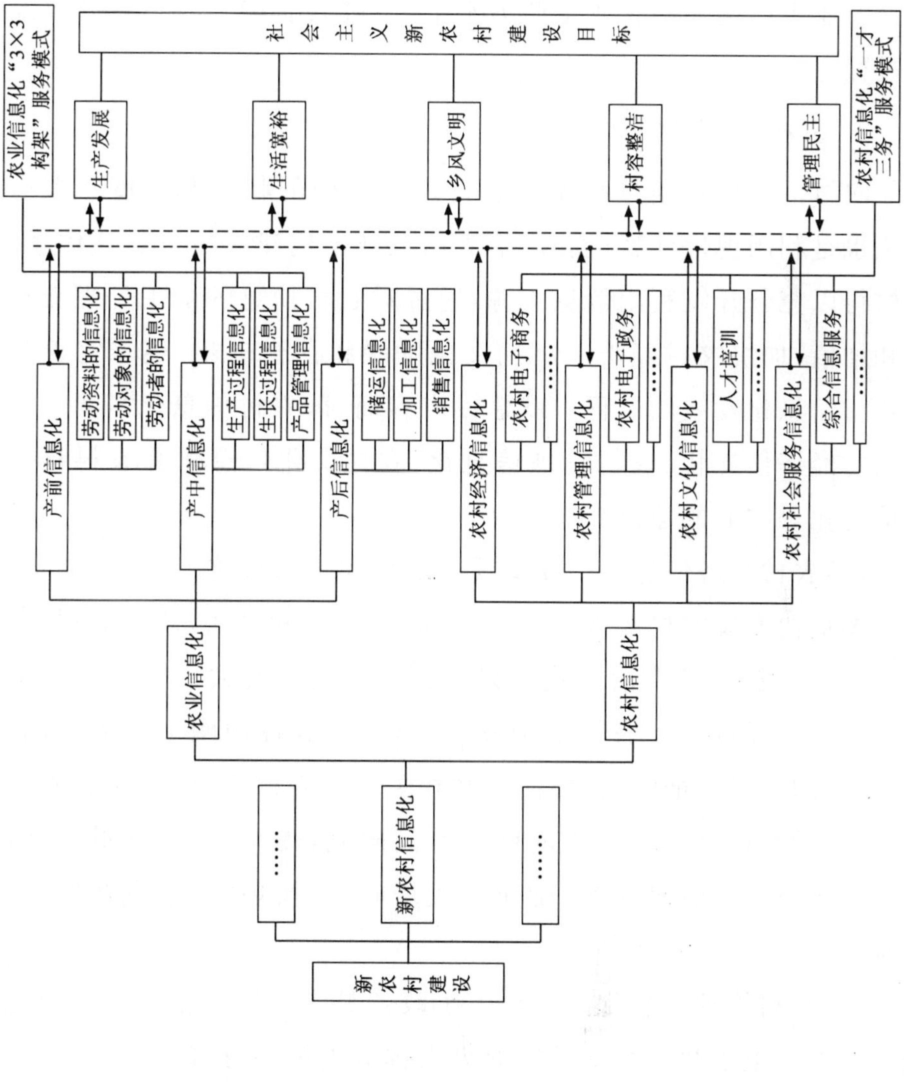

图 1-1　新农村信息化建设体系图

是在农业领域全面地发展和应用现代信息技术，通过对农业信息的加工处理流转交换和增值，使之渗透到农业产前、产中和产后各个过程，生产、消费、市场等各个具体环节，以加速对传统农业改造，大幅度地提高农业生产效率和农业生产力水平，促进农业持续、稳定、高效发展的过程。

2.农村信息化

农村信息化是信息技术在农村领域应用的状况和程度。农村信息化也是利用现代计算机和通信等信息技术构建农村信息化体系，使农村得以充分开发利用信息资源，通过对农村信息的加工处理流转交换和增值，加快农村经济、政治、文化发展和社会进步，逐步完善和实现农村信息化发展的过程。就建设内容而言，农村信息化需要努力完成农村经济信息化、农村管理信息化、农村文化信息化和农村社会服务信息化等方面的建设。

(1)农村经济信息化。要实现新农村建设目标之一的“生活宽裕”就是要加快发展农村经济，加速农产品的流通和销售，增加农民收入。就是要加快农村经济信息化建设步伐。尤其需要大力发展农村电子商务平台。通过建立农村电子商务平台，开展各种网上商务活动、交易活动、网上税费征收、金融活动和相关的信息服务活动，可以在互联网开放的网络环境下，突破时间和空间限制，提高效率，降低成本，大大提升农村经济管理水平，促进农民增收，为实现“生活宽裕”奠定经济基础。

(2)农村管理信息化。农村电子政务是农村管理信息化主要建设内容。农村电子政务系统可以充分发挥政府的主导作用，发布政策法规、气象服务、灾害预防、村务公开等公共信息，提供网上办公等便民服务，利用现代信息技术的优势，打破农村偏远、分散等自然环境的限制，使农村管理更加快捷、透明。同时，还可以采集和整理农村财务、土地、水资源、劳动力等基础信息，建设完善农村信息数据库，加快涉农信息资源的开发利用，促进农村管理的高效化。这样，既为实现“管理民主”搭建了高效平台，又能提高村民的信息化意识和提升村民的信息化实践操作技能与信息素养及村民综合素质，就会为实现“乡风文明”和“村容整洁”发挥积极的作用。

(3)农村文化信息化。农村文化包括农村文化建设和农村人口教育两个方面。在农村文化建设方面，通过信息化建设促进农村地区文化发展，利用互联网和农村广播电视“村村通”工程等，加强农民对信息的选择能力，丰富农民文化生活，努力减少城乡信息差距，加强农村精神文明建设。在农村人口教育方面，主要包括两类，一是适龄儿童教育，面向农村中小学校开展信息化建设，力求通过计算机辅助教学与多媒体教育、现代远程教育和虚拟现实教育等手段，实现先进的教学方法和实验条件等优质教育资源在广大农村地区的共享；二是成人教育，积极探索通过远程教育等信息化手段加强农民实用技术培训、农民工培训等，从而提高农村人口素质，缩小城乡数字鸿沟，为“乡风文明”和“村容整洁”贡献力量。

(4)农村社会服务信息化。农村社会服务涵盖了农民生活的各个方面，包括：村容村貌、环境建设、医疗卫生、求职就业等诸多方面。当前，我国农村面貌相对落后，通过农村社会服务信息化的建设，进行农村综合信息服务，可以有效地解决农村医疗卫生、就业等与生活息息相关的社会问题，解决农村社会问题，提高农民生活质量，全面助推新农村建设目标的实现。

1.1.2 新农村信息化的关系论

在新农村信息化建设过程中，认清与新农村信息化建设相关的农业信息化与农业电气化、农业信息数字化、农业智能化、农业自动化、农村信息化、农业现代化的关系，抓住当前阶段的建设重点，是十分重要的。如果不处理好其中各技术范畴的关系，会造成具体实施方案整体思路不清，将对资源造成极大浪费。

1.农业信息化的先导是农业电气化

电能在农业生产和农村生活领域中的广泛应用，是农业信息化和农业自动化的重要基础，同时也是农业现代化的基础。农业电气化包括农业中电能的生产、输送、分配和利用，以电能为动力的农用技术装备的发展，农村家用电子、电气设备的推广等。在有些国家主要指在农村工副业、养殖业、园艺部门和生活方面使用电能。

从技术上可能实现农业电气化的农业用电项目遍及农业各个部门的所有生产过程和绝大部分生产环节以及居民生活的各个方面。农村工业，粮食、食品和其他农产品加工业，供水、排灌、制冷、取暖、通风等农业固定作业可以实现高度电气化；高度电气化的温室可以创造适宜作物生长发育的人工气候和环境条件；在电气化畜牧场中，所有供水、喂食、通风、换气、采光、取暖、除粪、挤奶、集蛋、杀菌等作业都可自动进行；在农村生活方面，电气化在照明、广播、电话、电影、电视等方面也十分普遍。

农业电气化不但提高了农业生产力，而且促进了农产品加工业、农业服务业的发展。这些产业的发展使农业体系更加完备，为各个体系通过农业信息化过程联系、整合打下了基础。同时，农村电网建设全面推进，为农业信息化提供了动力；通信网络逐渐完善，电话机、手机、电视机等电器走进农村，这些为信息的收集、传播奠定了基础。农业电气化在农业生产方面的应用解放了农民的部分体力，使农业生产力水平大大提高，只有在充分解放体力的前提下，解放农民脑力的需求才会强烈。而农业信息化过程正是解放农民部分脑力的过程，从这方面来讲，农业电气化的充分发展促进了农业信息化的形成和发展。

所以,农业信息化的先导是农业电气化。

2. 农业信息化的基础是农业信息数字化

信息是以声音、语言、文字、图像、动画、气味等方式所表示的实际内容。而农业信息化中的“信息”特指对上述声音、文字、图像、动画等信息的数字化表示。数字化后的农业信息是农业信息化处理的对象和作用的主体。没有对象和作用主体,农业信息化就没有办法实现。因而,农业信息化的基础是农业信息的数字化。

农业信息数字化要求农业的各个结构要素(包括动物、植物、微生物等)与各种过程(生产、加工、储运、经销等)全面数字化、农业以及农业各相关部门(生产、科研、教育、行政、流通、服务等)全面数字化与网络化管理。对数字化后的农业信息进行收集、处理、传播,解决农业生产、销售等各个环节的问题,是当前农业信息化的内容。当前,国家也正在大力加强农业相关数据库建设,如金农工程中,要求各省建立省级农业数据中心和省级粮食流通数据中心等。这些都是农业信息数字化的过程,是农业信息化的起步和基础,或称为农业信息化的基础阶段。

3. 农业信息化是农业智能化的前提

目前,一般认为“智能化”应当有两方面的含义:一是采用“人工智能”的理论、方法和技术处理信息与问题。二是具有“拟人智能”的特性或功能,例如自适应、自学习、自校正、自协调、自组织、自诊断及自修复等。而农业智能化的含义即在农业中广泛引进各种智能化软件系统(如农业智能化专家系统)及引进农业智能化仪表和装置。智能化系统除了能自动完成某些测量任务或在程序指导下完成预定动作,还应该具有进行各种复杂计算和修正误差的数据处理能力,具有自校准、自检测和自诊断功能。

从对信息的应用来说,信息化涵盖了农业产前、产中、产后各过程的信息采集、传输、处理等过程，而智能化是用“人工智能”的理论“处理”信息问题，是对信息的“人工智能”处理过程，因而智能化是信息化的一个组成部分；从学科角度而言，“人工智能”“拟人智能”等技术也是信息类学科的一个分支。因此，农业智能化是农业信息化的一部分。从另一个角度来说，信息化为智能化提供了信息资源，并为其发展奠定了技术基础，智能化是信息化高度发展的产物，也代表了信息技术发展的一个高级阶段。没有农业信息化过程提供的软硬件条件及相关信息，农业智能化无从谈起。因此，农业信息化是农业智能化的前提。

4.农业信息化是农业自动化的支撑

农业自动化是将多种经营的农业生产、数百种不同的作物、上千个农艺过程、变幻的气候、结构不同的土壤纳入统一的系统加以调整，实现流水作业和自动化生产。农业不同于工业，农业的过程更加复杂，基础设施更加薄弱，需要采集的信息更多，生产过程影响因素更加复杂。以当前的技术水平和我国农村现有条件来看，目前在我国全面实现农业自动化是不现实的。自动化是农业发展的高级阶段，是农业现代化建设的目标和远景，只有建设好农业信息化，才能为农业自动化发展提供必要的软硬件条件。因此，农业信息化是农业自动化的前提。

当前，已有部分农业生产过程实现自动的信息采集，并通过操作相关机械完成对生产过程、生产环境的改变，从而提高农业生产力。但仔细分析这些生产过程不难发现，无论对信息的汇总、分析、判断，还是生产过程中对机器发出指令，都是人工操作或采用事先编制好的程序，这些系统具有刚性的体系结构，但缺乏自组织、自维修及自适应等方面的柔性，智能水平不高。这种自动化只能认为是部分自动功能或部分功能自动化，或者说是农业半自动化。只有与成熟的农业智能化技术结合，进行完全的自动生产，根据设定参数和目标，系统能够不断自动调节并自动完成农业生产的整个过程的自动化才能称之为农业全自动化。农业全自动化过程中，没有农业信息化高级阶段的农业智能化依托，是不可能完成的；没有农业信息化对信息的收集、传输、处理，也是无法完成的。从另一个角度来说，农业电气化和农业信息化分别从一定程度上解放了劳动生产者的体力和脑力，农业自动化的目的是同时解放劳动者的体力和脑力，就需要以农业电气化和农业信息化为支撑。而农业信息化必然是实现农业自动化的前提和支撑。

5. 农业信息化是农业现代化建设现阶段的重要目标

农业现代化的进程是随着人类工程技术发展而发展的，前沿技术的应用也就是农业现代化建设的目标和内容。所以，农业信息化是当前农业现代化建设的重点及主要目标。

具体而言，农业信息化是在农业的各项事业与工作（农业管理、农业生产、农业商业等）中全面应用信息技术，通过对农业产前、产中、产后各过程的信息化应用，大幅提高劳动生产率，使农业的各个环节联系更加紧密，规划更加合理，进而推进农业现代化进程。

6. 农业信息化与农村信息化的关系

（1）农业信息化与农村信息化的区别。农业生产过程的主要地域是农村，但不限于农村（如国有的林场、远洋渔场等）；加工过程部分在农村，部分在城市；销售主要在城市进行；而区域宏观决策、农产品预警等管理更上升到省级或国家层面。由此可见，农业是一个社会化的产业，是“行业”的概念，无论是地域还是管理层面，都不能被农村建设的内容所完全包含。同样，农村是一个“地域”的概念，不仅涉及农业生产问题，还包括政治、经济、文化、社会等问题，不能被农业完全包含。

（2）农业信息化与农村信息化的联系。农业信息化与农村信息化相互影响，交叉促进。尽管农业信息化与农村信息化内涵不同，但二者建设内容是相互影响，交叉促进的。单独进行任一建设，都会步履维艰；而通盘考虑二者关系，二者建设同步进行，将取得事半功倍的效果。首先，农村信息化建设前期主要服务于农业信息化。当前农村的主要产业是农业，农民的主要经济收入是农产品销售，农业增产是农民增收的最主要来源。因而，“繁荣农村经济”、“健全农村市场”都应首先从农业经济、农业市场、农业服务体系入手，这是当前农村发展的首要任务与需求。农村信息化建设前期，各建设内容应集中于推动农业的发展。如通过发展农村电子商务等手段，为农产品的销售提供更好的途径；发展农村管理信息化，可以增强农村凝聚力，促进农村稳定，推进农业生产平稳发展。其次，农业信息化需要农村信息化的推动。农业信息化的发展除了需要国家的政策、资金支持，最主要的是需要农民自发的、自下而上的推动。改变农民传统观念，令其感受到信息化带来的好处，进而主动迎接信息化的到来，积极投身于农业、农村信息化建设。农村信息化各个方面的建设、各项工程的实施都为农民带来了好处，直接或间接地促进了农业信息化的发展。农村信息化为农业信息化建设提供了人才、物质、经济储备等，对农业信息化发展起了巨大的推动作用。第三，农业信息化对农村信息化的发展起了决定性的作用。农业是农村的主要产业，只有实现了农民增收、生活富裕，农村的其他工作才能良性有效地开展。农业信息化的发展，带来了农产品增收，就会进一步对农村经济信息化和管理信息化等提出更高要求；在增加农民收入的同时，也将自然地促进文化信息化和社会服务信息化等进程。

农业信息化与农村信息化统一于新农村信息化建设。社会主义新农村建设目标为“生产发展、生活宽裕、乡风文明、村容整洁、管理民主”。新农村信息化建设通过农业信息化、农村信息化建设的交叉影响、相互促进，共同推动这一目标的实现。从另一方面来说，新农村建设目标的实现过程，也反作用于农业信息化和农村信息化的建设过程，推动了农业信息化和农村信息化的发展。

综合以上六部分的阐述，还需要从总体上把握以下两点：

第一，农业机械化、农业电气化、农业信息数字化、农业信息化、农业智能化、农业现代化、农业自动化等这些概念既代表了不同时期农业生产的发展目标，也体现在各个时期农业现代化建设产前、产中、产后整个体系中各“化”的逐步产生和演进的过程及发挥的作用。因而，谈到某“化”，要从整体和局部共同把握其产生的效益和对农业现代化建设的推动作用。

第二，农业机械化、农业电气化、农业信息数字化、农业信息化、农业智能化、农业现代化、农业自动化等各有明确的侧重点和目标，因而不能互相涵盖；它们虽产生于不同的时期，但相互影响、相互促进并交叉过渡，如农业电气化是农业信息化和农业自动化的先导，同时要以农业机械化为前提；农业自动化需要农业信息化和农业电气化建设达到一定程度，才能够实现等。

总之，当前我国农业正处在由传统农业向现代农业转变的时期，要在有限的资源上解决十几亿人口的吃穿问题，根本出路是要以信息技术来改造和提升传统农业，而在整个过程中，信息服务将发挥先导、基础和支撑等重要作用，促进农业信息化和农村信息化水平的提升，推动农业现代化。

1.1.3 新农村信息化的阶段论

根据国外典型国家农村信息化发展的经验以及我国国情和农村的基本情况，我国新农村信息化发展可分为六个阶段，即初始阶段、普及阶段、发展阶段、系统内集成阶段、全社会集成阶段和成熟阶段，如

图 1-2 所示。

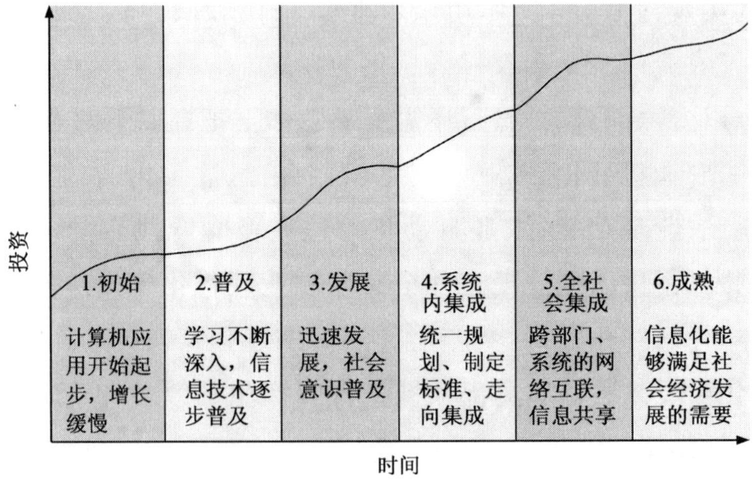

图 1-2　我国新农村信息化发展阶段划分

(1)初始阶段。新农村信息化应用开始起步,基础设施初步建设,但规模较小,进度缓慢。

(2)普及阶段。农民信息化意识逐渐增强,学习不断深入,基础设施和信息技术逐步在农村普及。

(3)发展阶段。信息技术迅速发展,农民以及全社会的新农村信息化意识普及,新农村信息化得到长足发展。

(4)系统内集成阶段。信息技术已逐步趋于完善,标准、规范等部分统一,众多新农村信息化应用实现系统内集成。

(5)全社会集成阶段。新农村信息化各种标准、规范和制度形成,开始跨部门、跨系统、跨行业的网络互联和集成,实现信息高度共享。

(6)成熟阶段。新农村信息化能够满足社会经济的发展需要,“三农”问题的方方面面均有完善的信息技术和系统支撑,并得到广泛应用。

信息技术的快速发展并在农业领域的广泛应用,为农业注入了新的生机与活力，推动了传统农业向现代农业的转变。我国农村信息化起步较晚，但随着信息技术发展，各级党委、政府的重视，金农、金卡、金桥、金关等一系列信息化重大工程的陆续启动，农村信息化程度有了很大提高。但是从农户家用电脑拥有量、行政村通光缆情况、涉农网站建设情况来看，我国目前的新农村信息化已步入普及阶段。这一阶段的主要任务仍然是大力推进新农村信息化基础设施建设，并通过培训等手段提高农民信息化意识，充分利用信息技术的普适效应，针对农业全产业链环节和农村多元化需求全面开展农村信息服务。

1.2 农村信息服务概述

1.2.1 农村信息服务的概念、对象及主体

农村信息服务是主要围绕农村、农业、农民开展的信息服务。随着社会经济和技术进步，信息技术成为社会交流和信息传播中不可缺少的技术手段。广义的农村信息服务涵盖了农村信息产品的生产、加工、发布、传播、交易、分配，信息技术服务及信息提供服务等综合性服务；狭义的农村信息服务是指农业信息服务提供机构以用户的涉农信息需求为中心，展开信息搜集、生产、加工、传播等服务。

农村信息服务的对象是涉农信息用户，是具有信息服务需求和条件的涉农社会组织及成员。涉农信息用户是一个极为庞大、信息需求差异极大的用户群体，它包括农村生产型用户、管理人员、技术人员、推广人员和各类涉农生产经营企业的经营管理人员等。其中，农村生产型用户（主要为农民）范围最广、数量最大，是农村信息服务的最终受体和服务对象，但这类用户整体科技文化素质相对较低，对信息的取舍能力较弱。

随着信息技术的不断发展，网络和网络信息技术已经渗透到人们生活的各个层面，面向农业和农民生活的新型技术层出不穷，农民对各种信息的需求也由被动接受逐渐向主动获取发展，信息服务的主体也在发生变化。

目前，农村信息服务主体分为两类：官方组织和非官方组织。

1. 官方组织

主要是国家政府相关部门主办的，是当前农村信息服务的主导力量，也是农村信息服务最主要的供给者，为农村提供公益性质的农村信息服务。主要包括中央政府、地方政府和基层政府中的科技、农业、林业、水利、气象等部门。下面介绍两种主要的官方组织。

（1）服务站。从建设的系统性、服务覆盖范围的广泛性、服务机构和服务人员的完备程度上来看，服务站是当前农村信息服务的最重要也是发展潜力最大的一种服务主体。服务站主要由农业部门组织兴建，具体的服务机构设置是：依托县农业部门成立县级信息服务中心；依托乡镇农村经济管理站、乡镇农业技术推广站、乡镇文化站等成立乡镇级信息服务站；在某一种或某一类农产品生产有一定规模、且对信息有较强需求的村，依托村委会、种养加销经营大户成立了村级信息服务点等。也有一些地区的村级信息服务点是依托农民专业协会及农业产业化龙头企业等中介组织或企业单位建立的。当前基本建成了县、乡、村三级信息服务组织，能够直接面向农民提供信息服务。

其主要特征是：①以政府部门为服务“供体”，其性质是一种专职从事农村信息服务的“行政机构”或“事业单位”，能够依靠政府力量获取资源支持；②服务的“公益性”，并由此决定了受益群体的广泛性；③组织体系比较健全，信息渠道上下贯通，利于信息服务辐射作用发挥；④服务站模式的服务项目一般只包括技术、市场、供求、政策等信息咨询服务，少数附加了农业生产资料的销售。

(2)农民之家、农业科技服务厅。农民之家、农业科技服务厅集多功能信息服务于一体,向农民提供一站式服务。由农业局、林业局、水利局等部门联合兴建。服务形式一般是在市区繁华地段设置一个大厅,划分为农业专家咨询服务区、农业触摸屏查询区、农产品展示区、实时信息发布区等。有的农民之家还设有农资销售柜台,在销售农资的同时指导农民正确的使用方法。

其主要特征是:服务项目广泛,集农技咨询、农技推广、信息服务、经营功能于一体;服务场所离农民较远,信息不易获取;缺乏组织传播途径,服务辐射范围有限。

2.非官方组织

(1)科研教学机构。科研教学机构是当前农村信息服务中重要的参与主体,这类单位大多属于事业单位性质,在自身业务发展和产学研一体化过程中,生产、传播和直接利用大量农业科技信息,服务形式是配合政府部门,提供信息服务的技术和人力资源方面的支持,包括教育部门、科研单位、情报信息机构等。

(2)协会。当前协会发展较快,而且很多协会与大专院校和科研单位建立了广泛的业务联系。协会作为行业性团体组织,了解掌握行业发展动态,市场动向,熟悉市场变化,可以利用自身权威优势建立协会网站,定期发布行业性信息,编印会刊,促进信息交流传播,指导协调行业发展。通过发展协会会员可以建立与会员的良性互动机制,协会通过定期开展科技信息技术培训和交流分析活动,不断充实协会的信息量,同时从协会中筛选骨干作为科技信息员,及时把科技信息传到农民的田里、地里、屋里和心里,不断扩大信息覆盖面。组织行业性展会,集中传播信息,促进信息交流,促进行业的健康良性发展。

(3)学会。专业性学会在本学术领域占有学术前沿位置,具有学术权威性,汇集了众多业内学术专家。当前,我国各级农业学会团体具有相当规模会员，学会了解掌握本学术领域最新研究成果信息，了解国际国内业界发展现状，学会经常举办各种培训班、研讨会、学术讲座、专场学术报告会等研讨活动，可以快速高效地传播先进科技成果，进行有效的技术培训推广工作，学会会员来自我国各个农业单位、农业企业，或个人会员，信息传播辐射效果好，有实力的学会可以面向社会开展培训活动，可以建立网站进行信息宣传，广泛发展会员，可以举办专业性的研讨会，甚至交流交易会。

(4)农村合作经济组织。农村合作经济组织、农村合作社是农村信息服务的重要组织模式。农村合作社为农民服务，使农民能够以低廉的价格购置所需要的生产资料和生活资料，以合理的价格销售出自己的产品，给社员提供技术和信息，给社员提供机会和渠道。合作社是政府和农民的纽带，上情下达，下情上达，协助政府贯彻和落实农业与农村政策，把农民的意愿反馈给政府，为政府施政提供第一手材料。合作社是农民与市场，农民与龙头企业等的纽带，使农民有通畅的销路，商家有稳定的货源，为商家和农民架起一座双赢的金桥。合作社通过培训社员，可以高效传播对口农技知识，信息传播效率高，辐射面广。

(5)科技中介组织。包括企业组织和民间组织。它们是前两者的有益补充，一般提供有偿服务。包括信息的传播、评估、技术指导、人才培训等内容。

(6)龙头企业成立的相关组织。龙头企业(如饲料厂、农机厂、农产品加工厂、农贸公司等)能够直接连接农户与市场，并拥有比较雄厚的资本、技术、人才优势，能够在组织农户参与产业化经营的过程中为农民提供信息服务。

在农村信息服务过程中，一方面存在着农村信息服务主体的科技成果、信息资源等难以及时推广转化与利用的问题；另一方面则是农村信息服务对象对科技成果与信息资源的极度渴求。如何把农业科技及信息资源的供给与需求有效对接，满足农民对科技与信息的需求，是当前农村信息服务工作急需解决的问题。

1.2.2 农村信息服务的内容及策略

涉农信息用户的信息需求范围广泛，不同用户的信息需求差异极大，所以以满足涉农用户信息需求为目标的农村信息服务的内容也非常广泛，并存在层次性差异。下面从不同的角度分析农村信息服务的主要内容。

（1）从信息内容角度看，主要包括：政策信息；农产品生产加工信息；种苗、化肥、农药、机械等生产资料信息；植保、气象等与农业生产有关的信息；农产品市场供求信息等；农产品市场流通信息；生产资料供求信息；项目开发信息、企业经营管理信息等；农村企业信息；劳务信息及其他信息等。

（2）从信息服务对象角度看，主要包括：针对农村管理人员的服务；针对农村技术及推广人员的服务；针对农村生产型用户的服务；针对农村企业的服务。

（3）从信息载体角度看，主要包括："零"载体信息服务，指口头传播的信息服务；纸质载体信息服务，以图书、报刊为载体的信息内容；数据广播信息服务，有卫星数据广播、电视广播、电台广播等；光盘信息、网络服务，以电信网、互联网为基础的服务。

针对上述服务内容，面向涉农用户的农村信息服务策略可分为以下几种：从信息服务者与信息用户的关系程度，分为直接信息服务和间接信息服务；从信息用户接受信息服务的主动程度，分为主动服务和被动服务；从信息服务者是否营利，分为有偿信息服务和无偿信息服务；从信息服务手段，分为传统信息服务和现代信息服务。

1.2.3 农村信息服务的传播渠道及方式

根据服务范围的大小和传播对象的多少，农村信息服务的传播渠道主要分为大众传播、组织传播和人际传播。

(1)大众传播是一个大规模的信息传送过程。通常指职业化和组织化的传播者利用媒介系统广泛、迅速、连续不断地传递给人数众多、成分复杂受众的过程。在当代社会中，大众传播是一个极其庞大而复杂的系统，在社会生活中具有特殊的地位，对社会生活也有着特殊的作用和影响。大众传播媒介包括印刷媒介(书籍、报纸、杂志)、电子媒介(广播、电视、电话)和新媒介。新媒介一般是指利用计算机技术，把文字、图形、声音和图像聚合在一起的所有的新兴传播媒介，如网络媒体、手机短信、数字电视等。大众传播媒介具有传播速度快，传播范围广，受众多，影响大，能够大量收集信息、大规模复制信息、并向社会公众传递信息的共同特点。

(2)组织传播是组织成员之间、组织内部机构之间的信息交流和沟通。具体地说，组织传播是由各种相互依赖的关系结成的网络，为应付外部环境的不确定性而创造和交流信息的过程。它的根本任务是清除或减少组织及组织成员对自身环境的不确定性，沟通组织内部的联系。组织内传播的媒体形式包括：文件、报告、信件、会议、电话、组织内公共媒体、计算机通信系统、电传等。

(3)人际传播是个人与个人之间的信息交流。人际传播的形式可以是两个人面对面地直接传播，也可以是以媒体为中介的间接传播。前者主要以语言表达信息，或用表情、姿势来强化、补充、修正语言的不足，它可以使传者与受者直接沟通，及时反馈信息，并共聚一堂，促膝交流，产生亲切感，从而增强传播的效果。后者使用的媒体主要有电话、交互电视、计算机网络、书信等，它可以使传者与受者克服空间上的距离限制，从而提高了传播的效率。人际传播具有明显的社会性特征。个人独白或自言自语等仅仅为了满足自己的需要而发出的语言，不会构成人际传播，人际传播的语言是具有社会性的语言。每个人都是信息的发出者，同时又是信息的接收者，即在影响别人的同时，也受到他人的影响。无论是直接的面对面的人际传播，还是通过电话、书信、网路等传播媒介的非面对面的传播，人际传播的进行均需要通过语言（包括口头语言和文字语言）的描述与理解、非语言的演说、沉默、倾听或回应等方式进行。

农村信息服务的方式主要包括传统媒体方式和新媒体方式两种。其中，传统媒体的信息服务方式主要包括图书资料、报纸杂志、新闻广播、电影电视、音像视听和印刷出版等。而新媒体信息服务方式则是建立在电信网、广播电视网、计算机网基础上，为用户提供各种数字化信息资源的手段，是新农村信息化建设与应用的重要环节之一。

传统媒体信息服务与新媒体信息服务的对比情况如表1-1所示。

表1-1 传统媒体信息服务与新媒体信息服务对比

主要内容	新媒体信息服务	传统媒体信息服务
信息特征	活动性、无序性、可扩充性、类型多、关联度高	静态性、有序性、不可扩充性、类型单一、关联度单一
信息载体	电话、手机、计算机等	报纸、杂志、广播、电视等
组织方式	主要以文件方式、数据库方式、主题树方式和超媒体方式等	主要以图书、期刊、报纸、缩微胶片等
服务对象	无限的，信息用户的成分趋向于多样化、复杂化，不同年龄、行业和文化层次的人都可以通过计算机终端直接利用网络信息资源	有限的，服务对象大多是具有一定文化、信息素养和科研任务的用户
服务内容	受众无专业限制；信息量大	受众以专业划分；信息量小
服务机构	信息服务机构呈现出多元化的趋势，主要包括各级政府、科研机构、龙头企业、协会组织等	主要以政府机构为主

由于本书的重点在于如何应用信息技术开展农村信息服务，因此本节将主要针对新媒体信息服务方式进行详细论述。

新媒体信息服务是在现代信息技术，尤其是网络技术的迅猛发展及网络化社会环境形成的大背景下，发展起来的一种现代信息服务模式，已被各国提升到国家信息化战略的高度而竞相发展。新媒体信息服务主要通过运用网络平台，直接面向用户对信息进行感知、捕获、分析、重组、传递及应用，并通过资源与工具的链接、继承、嵌入来动态满足用户需求，并解决用户问题的服务。这种服务不单纯依靠某一物理资源或固定服务，不再游离于用户活动和用户环境之外，而要求围绕用户个性化信息活动和环境，充分集成或动态组织各种资源、工具和服务，动态设计、组织和协调有关服务模式，是现代信息服务在网络环境下的高级形式。它以用户为中心，根据网络环境下用户的信息使用行为、兴趣、爱好、习惯、需求特点，为用户搜索、组织、选择、推荐、提供个性化定制信息服务，从而解决用户现实中的信息需求。

新媒体信息服务是以农村信息服务所提供的信息为工作对象，结合特定用户的需求，以信息开发为手段，对信息进行分析、综合、浓缩、转换与创新等一系列工作，呈现出如下特征：

(1)在信息服务特征方面表现出网络化、数字化、个性化、分布化特征。①业务工作网络化，这样可节约成本，减少人力，并能实现资源共享。通过网络开展大范围的联合编目，再参考咨询系统，允许读者联机访问并随时获得咨询服务。②信息资源数字化。将传统农村信息服务提供的信息以数字化形式发布到网上，使之成为信息网络资源的一部分。同时，利用信息服务工作人员自身专业的优势，辨别和筛选网上信息，并将这些信息整理后提供给读者。③信息服务过程个性化。这就要求在信息服务过程中必须了解用户的信息要求，提供给用户的不仅仅是信息，而是从信息中提炼出的知识。④信息存储分布化。目前,计算机的网络化和网络通信技术的迅猛发展,已经为信息分布式存储奠定了基础。

(2)由传统的信息服务模式向数字化的信息服务模式转变。由于电子出版物的大量涌现,信息资源从单一的纸质载体向光磁介质等为载体的新型载体文献信息资源与传统文献信息资源相并存的模式发展。除了有明确载体的信息资源外,还有许多通过网络可以获得的“虚拟资源”。为此,信息服务传统意义上的观念将从一个有限的物理实体转移到对网络乃至全球信息资源的收集开发和利用上来。农村信息服务模式的巨大变化,必然带来数字化文献信息服务工作的革命性变化,包括服务对象、服务内容、服务手段、服务方式的变化等。

(3)新媒体信息服务是一种深层次的信息服务。农村信息服务工作要随着社会的变化而变化。如今我们处于一个信息化的时代,开展农村信息服务工作也要转变方式、方法。根据信息消费者的需求,提高信息服务的质量,增大信息的附加值,使信息新产品具有真实性、准确性、针对性、适用型和时效性。

(4)新媒体信息服务是一种有序的知识服务。做好现代农村信息服务要在做好传统信息服务的基础上,把应用电子计算机技术作为一项重要的信息整合与开发手段。将农村信息服务中所涉及的广泛、分散、杂乱的信息进行整合,加强信息的有序化,加快信息的传递速度,从而更好地服务新农村建设。

(5)新媒体信息服务将使传统农村信息服务工作者的角色发生变化。传统农村信息服务的工作人员的工作模式是人与人的交流。而新媒体信息服务的工作模式是人与计算机的交互。从事农村信息服务的工作人员在做好信息提供工作的同时,要做好农民的计算机使用相关培训工作。

新媒体信息服务的资源浩如烟海,可以从不同的角度对其进行划分和归类。依据不同的标准，新媒体信息服务资源可分成不同的类型，较典型的如表 1-2 所示。

表 1-2　新媒体信息服务资源分类

分类角度	分类说明
时效性	电子报纸、动态信息等
文件组织	自由文本和规范文本
信息交流方式	非正式出版信息、半正式出版信息和正式出版信息
信息内容所属领域	农学、人类学、天文学、艺术、航空航天科学、生物学和经济学等
信息利用形式	电子期刊、电子通信期刊、图书文本；论文抽印本、技术报告；法律文件、案例、出版物；统计资料、实验数据；软件；图像数据、声音数据等

新媒体信息资源与传统信息资源相比，具有以下特点：

(1)信息资源类型繁多。网络环境下，信息资源种类繁多，主要包括发展迅速的数字化信息，如磁盘、光盘上的数字化信息，网上出版物，网络动态信息(新闻、广告、交通、天气、股市等)，联机数据库，软件资源，网络服务信息以及其他信息资源(如个人主页、BBS、E-mail、Blog、Wiki)等。

(2)信息来源广泛。在网络环境下，信息的发布具有多种渠道，除传统的新闻、出版、电影、电视外，信息网络帮助人们实现了资源出版的梦想。任何人都可以很容易地在互联网上发表论文观点。因此，互联网上的信息发布者既有高等院校、研究机构、政府部门，更有大量公司、企业、协会和个人，而且信息发布过程大多没有严格的审查程序，这与报纸、杂志等印刷媒体有着极大区别。

(3)信息增长迅速。当前，网络已成为继报纸、期刊、广播、电视等传统媒体后的第五大媒体。互联网上的信息增长之快、信息量之大、传播范围之广，是其他媒体无法比拟的。

(4)信息内容庞杂。网络环境下，无论是传统的文献信息，还是网络上的数字信息资源，其内容都非常丰富。特别是网络上的信息资源，内容无所不包，除了商业、学术和各种实用信息外，也不乏各种不实信息，既有国际水平的研究成果，也有难登大雅之堂的涂鸦之作。

(5)信息资源存在安全隐患。新媒体信息资源的安全问题包括两个方面。其一是数字信息资源的知识产权保护问题，互联网的全方位开放使得人们可轻而易举地复制网上信息，而复制可以进行得极为分散、秘密、不露痕迹，给侵权者以可乘之机；其二是信息资源本身的安全问题，这种安全隐患主要来自网络病毒和网络犯罪，计算机病毒是一种人为编制的破坏性程序，一旦进入信息网络，便有可能使整个网络紊乱，甚至瘫痪。

(6)信息资源具有动态性和不稳定性。数字信息资源比印刷媒体表现力更加丰富、灵活，包含的媒体类型也多种多样，除传统的文本信息外，还有图表、音频、视频等多种媒体。数字信息资源通常以网状结构来组织，资源存放于网状结构中的各个节点，节点与节点之间用超链接来连接。网上信息还具有很强的交互性，信息提供者和读者可以就同一问题在网上及时交流观点、展开讨论，因而其动态性强，且不稳定。

(7)信息的使用与提供信息站点的软硬件和服务有关。数字信息的质量还取决于信息提供服务。网络站点的连通性、速度、界面友好、易用性等因素影响着数字信息的使用。此外，互联网上每时每刻都有大量站点产生，也有相当数量的站点改变或消失。

农村信息服务中的信息资源涉及农产品、农资、教育、金融、医疗、娱乐等各个方面，它也像数字信息一样存在上述特点，导致农民对信息存在找不准、拿不到、不会用、不想用的问题。为了缩小“信息鸿沟”，实现“信息孤岛”的连通，迫切需要使信息可见、可及、可用，使农民对信息可找到、能拿到、会使用、喜欢用。针对农业信息分布广、散、杂的情况，进行海量信息收集、甄别，信息集成、加工，信息推送关键技术的研究，将所有的信息统一转化为文本、图像、音频和视频等格式，通过信息推送等相关技术，实现信息的自动获取、智能处理和智慧推送。

1.3 农村信息服务与新农村信息化

建设社会主义新农村是我国在深刻分析国际国内形势、全面把握经济社会发展阶段性特征的基础上确定的一项重大历史任务。新农村信息化是建设社会主义新农村的重要保证，已成为新农村建设的重要内容，是促进农村繁荣和经济发展的催化剂，其核心是利用现代信息技术对信息进行获取、传输、处理、存储和发布利用，围绕信息服务加速信息资源的开发利用，挖掘信息数据的价值。

通过对新农村信息化体系、关系论和阶段论等的分析和论述可知，农村信息服务贯穿新农村信息化的始终，无论是农业信息化还是农村信息化都离不开有效的信息服务，而客观认识我国新农村信息化所处的阶段，更有利于进一步扎实推进农村信息服务建设，以科学发展观为指导，充分调动起广大农民的积极性，因地制宜，采取合理的模式，有层次、有重点、分步骤地开展农村信息服务，推进新农村信息化建设。

第 2 章
农村信息服务发展现状

信息化热潮席卷全球，已成为衡量一个国家综合国力和现代化水平的重要标志。农业是国民经济的基础，而农业、农村的信息化是国家信息化的重要内容。农村信息服务作为新农村信息化的抓手和重要组成部分，将信息渗透到农业生产、农村管理、农民生活的各个环节，是加快建设现代农业、繁荣农村经济、增加农民收入的迫切要求，已成为世界各国现代农业的重要支撑和标志。

本章分析了我国农村信息服务的现状，并研究了美国、加拿大、欧盟、日本、韩国等国家和地区农村信息服务发展现状，总结了国外经验对我国的启示，提出了我国农村信息服务发展的对策。其中，由于在世界很多国家没有确切的“农村”这个地域划分，因此本章在分析国外现状时采用到的“农业信息服务”，也指针对农业面向涉农人员提供的农村信息服务。

2.1 国内农村信息服务发展现状

我国农业部和各级农业部门就现代农业发展进行了深入探索，做了大量工作。经过多年建设，我国农业信息化基础明显改善，通过报纸、广播、电视等传统媒体和移动通信、互联网等新媒体广泛开展多渠道农村信息服务，取得了一定的进展。

2.1.1 国内农村信息服务概况

我国农村信息服务发展的进程，最早可以追溯到20世纪70年代末计算机应用于农业生产。20世纪80年代末、90年代初相继建立了一批农林数据库。1994年，我国提出了跨世纪的农业信息化工程——"金农工程"，由此正式拉开了我国农村信息服务建设的序幕。

经过近几年政府的重视和投入，各省农村信息服务均取得了较为显著的成效。特别是"九五"以来，在一系列国家、部门和地方科技计划的支持下，通过广大科技工作者的不懈努力，在农业信息技术领域逐步积累了一批拥有自主知识产权的成果，形成了一支从事农村信息服务研究开发、推广应用的人才队伍体系。截至2014年，农业部已形成了40条信息采集渠道，部署8000多个信息采集点，建立了信息采集指标体系和报送制度，通过远程联网采集、报送农村各行业和领域的生产动态、供求变化、价格行情、科技教育、自然灾害、动物疫情、农民收入、质量安全和资源环境等信息。农业网站体系进一步健全，涉农网站总数达40000多个，覆盖部、省、地、县四级政府的农业网站群基本建成。

经过"十一五"的建设，"县有信息服务机构、乡有信息站、村有信息点"的格局基本形成。全国100%的省级农业部门设立了开展信息化工作的职能机构，97%的地市级农业部门、80%以上的县级农业部门设有信息化管理和服务机构，70%以上的乡镇成立了信息服务站，乡村信息服务站点逾100万个，农村信息员超过70万人。农业部搭建起的以"12316"热线为纽带的"三农"信息服务平台已经成为农民和专家的直通线，形成了呼叫中心、短彩信中心、农业信息网站和农业视频节目等多种信息手段相结合的服务格局和品牌。

现阶段，我国已建成大型涉农数据库 100 多个，约占世界农业信息数据库总数的 10%。比较有代表性的数据库有：《中国农林文献数据库》《中国农业文摘数据库》《中国农作物种质资源数据库》《农副产品深加工题录数据库》《植物检疫病虫草害名录数据库》《农牧渔业科技成果数据库》等。目前，我国农业信息数据库建设正朝着多元化、平民化、多媒体化、智能化、联合化和网络化的方向发展，标志着我国农村信息服务已经初具规模。

2.1.2　传统媒体信息服务概况

报纸、广播、电视等传统信息服务媒体具有传播新闻、社会教育、文化娱乐和提供服务等多种功能，是我国开展农村信息服务的重要方式和渠道。随着技术进步和农村生活水平的提高，传统媒体在农村的发展也呈现出了不同的态势。

1. 农村报纸逐渐衰弱

改革开放以来，我国农村报纸发行曾取得了辉煌业绩，20 世纪 80 年代，全国各省（市）委机关纷纷创办农村类报纸，大多数报纸发行量达到 50 万份，不少农村报纸发行量超过 100 万份，并成立了中华全国农民报协。但进入 20 世纪 90 年代后，农村报纸发行量快速滑坡，近半数农民报停办或改办其他报纸，与城市都市报一派繁荣的景象形成鲜明对比，同时报纸在农村的影响力也日趋减弱，报纸的农村市场正逐步“荒漠化”。2006 年，新闻出版总署报刊司委托《中国县域经济报》对全国农村报刊现状进行调查，报告显示：目前我国“三农”类报纸包括综合和专业类，共 61 种，仅占全国报纸的 3.17%；如果仅计农村报、农民报，只有 17 种，占全国报纸比例不到 1%。这些数字与农民占全国人口2/3的比例相比，差距太大，比例严重失调。

2. 对农广播数量减少

广播因其传播方式的即时性、传播范围的广泛性、收听方式的随意性、制作成本与播出费用的低廉性等优势，曾经在农村有较好的普及率和农村受众基础。在20世纪90年代前，广播是农村大众媒体中最为普遍的媒体，特别是在80年代初期，几乎每个自然村都能收听到通过大喇叭播出的广播节目，是当时农民了解政策、获取信息、学习科技的重要渠道。然而，随着农村城镇化的发展、城乡流动的加快，以及农村电视的普及，农村广播逐步受到了人们的冷落，许多对农广播频道也因此停播或转向。据资料统计，目前全国已经开通或正在筹备的对农广播频率数量不到全国总量的0.5%，很显然，如此低的比例与我国庞大的农民受众规模极不相称。

3. 电视信息服务效果不明显

电视是目前我国农村覆盖率最广、影响力最大的媒体。自从20世纪末，我国开始在全国实施“村村通”广播电视工程后，截至2013年9月底，已覆盖全部通电的行政村和自然村。据国家统计局编写的《中国统计年鉴-2014》显示，截至2012年年底，农村每百户居民家庭年底耐用消费品保有量中黑白电视机和彩色电视机分别达到1.44台和116.90台，这为通过电视这一媒介做好农村信息服务打下了坚实的基础。然而，就目前来看，我国的农业电视节目还处于初级发展阶段，在全国各类电视台中，关注农业、贴近农村、服务农民、对农业生产有指导意义、受农民欢迎的节目十分匮乏，除央视七套(少儿军事农业频道)外，省级电视台中，只有山东、河北、吉林等十余家省级电视台有对农专业频道。另外，现有的对农专业频道的栏目针对农产品销售、市场价格、农业科技等的实用信息较少。因此，绝大多数农村受众接触电视的主要目的是消遣娱乐，电视并没有充分发挥农业信息传播的功能。

2.1.3 新媒体信息服务概况

随着我国新农村建设的不断推进，以互联网和手机媒体为代表的新媒体具有不可或缺的作用和地位。同时，广阔的农村市场和日益增多的农民受众也为新媒体的发展提供了巨大的空间。

1. 互联网发展迅猛

计算机的发明和互联网的出现加速了人类社会的发展，作为最快捷、最全面的信息传播和获取渠道，互联网在我国已得到迅猛发展，成为农村信息服务的重要载体。据中国互联网络信息中心（CNNIC，China Internet Network Information Center）发布的《2014年农村互联网发展状况研究报告》数据显示，截至2014年12月，我国农村网民规模达1.78亿，年增长率为1%。近年来中国城镇化进程加快，农村人口比例不断减少。2014年年底中国农村人口占比由2013年的46.27%进一步下降为45.23%。网民中农村网民占比27.5%，较去年下降了1.1个百分点，与人口比例降幅相当。在整体网民规模增幅逐年收窄、城市化率不断提升的背景下，农村网民规模增长放缓。截至2014年12月底，中国新增网民规模为3117万人，其中新增农村网民184万人，成为中国互联网的重要增长动力。然而，在互联网应用方面，农村网民使用率均低于城镇网民水平。农村网民各应用中，即时通信使用率位居第一，比例为87.2%；网络新闻使用率排在第二位，比例为74.2%；搜索引擎名列第三位，比例为72.8%。娱乐应用在城镇网民中使用率均下滑，而在农村网民中则呈现上升态势。其中，商务类应用在农村网民中快速发展。网络购物用户规模增长率高达40.6%，是农村网民各互联网应用中网民规模增速最快的应用，远高于城镇网民。网络购物正在农村受众中加速扩大。

2. 手机媒体作用凸显

同时，作为新兴的大众传播媒介，手机媒体逐步进入了大众的视线，以手机为信息终端、无线网络为载体、短信为主要内容的农村信息服务模式在农村得到迅速发展。据国家统计局编写的《中国统计年鉴-2014》显示，2013年我国农村有8241.7万户电话用户，全国新增11695.8万户手机用户，达到122911.3万户，手机普及率达到每百人90.3部。如此庞大的用户基础为农村信息服务提供了强有力的保障。以固定电话和手机为媒介为“三农”进行信息服务正逐渐发展，其中：中国移动以提供短信服务为主的“农信通”用户已超过2000万户，中国联通开展的“农业新时空”以及各省相关部门组建的“农业专家咨询服务热线”、“农技110电话语音服务”、“12316农科热线”、“手机报”等服务模式，深受农民用户的欢迎。另据中国互联网络信息中心CNNIC发布的《2014年农村互联网发展状况研究报告》数据显示，截至2014年12月，农村网民使用手机上网的比例最高，为81.9%。与城镇网民相比，农村网民使用笔记本电脑和平板电脑上网的比例与城镇差距最大，分别低于城镇16.9和12.9个百分点。智能手机价格的不断降低和3G网络的快速普及使互联网的接入门槛逐渐降低，为网络接入、终端获取受限制的人群和地区，尤其是偏远农村地区居民，提供了使用互联网的可能。手机成为农村网民的主流上网设备，在满足农村人员基本上网需求的同时，推动了农村信息服务的进一步普及。

随着计算机和移动通信终端的普及，尽管农村地区网民规模和互联网普及率都在不断增长，但是城乡互联网普及率差异仍有扩大趋势，2014年城镇地区互联网普及率超过农村地区34个百分点。城乡间存在差距一方面由城镇化进程在一定程度上取代了农村互联网普及推进工作的成果造成；另一方面则由地区经济发展不平衡造成，这也是城乡差距的主要原因，如何解决城乡数字鸿沟需要继续探索。但是，毋庸置疑，互联网和移动通信网已经成为我国开展农村信息服务的重要依托。

2.2　国外农村信息服务发展现状

在世界农业信息化发展进程中，美国、加拿大、欧盟和日本等处于领先地位，韩国等虽然起步较晚，但发展速度很快，这些国家根据本国的实际情况因地制宜地围绕农业、农村开展信息服务，并形成了自己的特色。

2.2.1　国外农村信息服务概况

国外发达国家的农业信息化起始于 20 世纪 50～60 年代，主要是利用计算机进行农业科学计算；70 年代工作重心向农业数据处理和农业数据库开发转变；进入 80 年代，特别是 90 年代初以来，研究重点转向知识的处理、自动控制的开发以及网络技术的应用；21 世纪，信息技术正渗透到农业的各个领域，对于农业生产、农村经济、农民生活等方面正在产生积极影响。

当前，世界农业大国在信息技术方面已经走在前列，在农业数据库开发、网络和多媒体技术应用以及农业生产自动化控制等方面已进入新的发展阶段，成为世界农村信息化发展的领头羊。发达国家的农业网络遍布世界每个角落，发展中国家的基础设施建设也基本到位。世界各国正在加紧建设农业信息服务系统数据库，数据存储不断扩大、信息资源不断增加，并实现网络资源的共享。此外，网络设施的建设也越来越多地考虑到用户的实用和方便，努力为用户提供全方位的信息服务。

国外大多数国家农业技术创新道路的主体呈现多元化、集成化趋势，在农业技术、计算机网络技术、遥感技术等多项技术成功应用后，正在将几项或多项技术努力集成在一起走节约型技术创新之路，以提高多元化、智能化、集成化，推进农业的自动化进程。国外利用信息技术有效促进了农业的发展，已开发研制出多种用于专业化生产的系统模型，技术已趋成熟，农业信息服务已向专业化、规模化方向发展。

2.2.2 欧美信息服务概况

1. 美国

美国是世界上农业生产技术水平最高、劳动生产效率最高、农产品出口量最大、城市化程度最高的国家之一，农业是美国在国际市场上最具竞争力的产业之一，美国很早便开始依托信息技术面向农业开展信息服务。20 世纪 60 年代，计算机已经普遍进入美国的农业科研与决策部门，70 年代逐步推广到农场范围，到了 1985 年，美国已有 8％的农场主使用计算机处理农场事务。现在，美国农场主很重视网络化带来的影响，41.6％的家庭农场和 46.8％的奶牛场都配备了计算机，有一半以上的农场主依靠农业信息网络进行农场建设和农产品销售。

美国已经建立了完善的农业信息服务体系，形成了以美国农业部(USDA，United States Department Of Agriculture)及其所属的国家农业统计局(NASS，National Agricultural Statistics Service)、经济研究局(ERS，Economic Research Service)、海外农业服务局(FAS，Foreign Agricultural Service)、农业市场服务局(AMS，Agricultural Marketing Service)、世界农业展望委员会(WAOB，World Agricultural Outlook Board)、农场服务局(FSA，Farm Service Agency)等机构为主体的信息收集、分析、发布工作体系。美国农业部与全国 44 个州的农业部门合

作，设立了 100 多个信息收集办事处并配备专职的市场报告员，负责收集、审核和发布在直销、拍卖、合同、期货、集散、加工、批发等市场环节的信息，然后通过卫星系统及时传到全国各地的接收站，再通过广播、电视、计算机网络和报纸传递给公众。其提供的市场信息涉及 120 多个国家、60 多个品种，涵盖主要农产品的全球产量、国内产量、供求情况、价格变化等情况，并在法定的日子里公布，农民可以通过网络、电话和邮寄等方式，得到完整的市场信息。通过这些跨部门合作的信息服务，美国积极开展农业分析预警研究，适时调整农业政策，并采取相应的措施，保障农场收入稳定以及农产品出口收益最大化。美国农业部每周发布《气象与作物公报》、每月发布《世界农产品供需预测报告》、每年发布《农业中长期展望报告》。

美国注重通过立法和监督保证农业信息质量真实性、有效性及知识产权等，维护农业信息服务主体的权益并积极促进信息的共享。美国从 1848 年第一次颁布农业法开始，就对农业技术信息服务做出了规定。在 1946 年农业市场法案授权规定，凡享受政府补贴的农民和农业，都有义务向政府提供农产品产销信息。在此基础上，美国农业部对所有的农业信息资料都分门别类地制定了保密和公开发布的时间，任何个人和团体不得随意传播尚未公开的信息资料，否则要受到法律和各种条例的制裁。与此同时，美国既限制对机密资料的传播，同时又反对信息资料的垄断，积极促进信息资料的共享。一旦信息资料经农业部公开发布，该资料就为全社会享有共用。此时，农业部将无偿提供这些信息，不得获取利润，只能收取资料加工和印刷的工本费，不得发布虚假信息。除此之外，美国农业部对每一种调查工作都统一编写了工作手册，规定调查内容，说明收集方法的适用性、局限性以及对历史信息利用和折算的方法。

美国提供农业信息服务的商业性系统达 300 余家，肯塔基州建立了全美第1个农用视频计算机系统。用户通过个人计算机即可存取该系统大型数据库里当前市场价格、新闻和其他农业信息。美国还建有全国作物品种资源信息管理系统，可在全国范围向育种专家提供服务。美国的AgDaily和FarmDayta可连续将数据从卫星传送到地面的数据终端并自动存储，提供的数据包括气象图像、长短期天气预测以及产品信息等。

经过多年的发展，美国已经形成多元化信息服务主体共存的局面，它们在服务内容上有所侧重，服务对象和群体规模各有不同，具有良好的互补性。国家政府部门主要负责向社会定期或不定期地发布政策法规信息、统计数据、市场动态信息等，并建立农业信息服务平台和信息采集的指标体系，规范农业信息资源标准。农业科技信息的研究、开发和应用主要由教学科研机构、当地大学和地方农业推广中心以及公司来完成，不仅进行基础性的生产技术应用研究，还研究创新技术，提供技术性很强的种子、种苗和农产品加工品，集科研、推广、经营于一体。各种行业组织不仅收集对本组织会员有用的技术、市场、法规、政策信息，而且在农业金融、教育、灾害以及生产、销售、运输加工的合作方面为农户提供咨询、联络服务，在基层农业信息服务主体中占有重要位置。

2.加拿大

农业和农业食品业是加拿大经济重要的组成部分，为了有效开展农业信息服务，加拿大联邦、省级政府农业部门设立了农业信息服务中心，无偿向农场主、乡村居民、农产品经销商、加工企业等提供农业法规、政策、标准、灾害、经营管理及农产品供求趋势等信息服务。

加拿大农业信息服务渠道主要有以下七种：一是在互联网上建立网站，发布信息；二是开设信息咨询免费电话，直接答复农民咨询的问题；三是通过网上电子邮件提供信息咨询服务；四是以传真或邮寄资料的方式提供信息服务；五是派专家到农场现场解答农民提出的问题；六是进行培训，教会农民如何咨询问题、如何上传信息、如何获取信息、如何使用信息等；七是以邮寄品、报纸、收音机等传统媒体发布农业信息。

加拿大开展农业信息服务的机构主要包括政府、大专院校、公司和专业合作组织。加拿大农业与农业食品部（AAFC，Agriculture and Agri-Food Canada）是该国农业信息服务的主要政府机构，负责统计及发布农业数据、农业相关的市场信息、农产品进出口信息、食品法规、农产品贸易政策、项目等，同时下设的研究机构，发布针对不同研究内容的项目信息、研究机构、研究成果等。大专院校是加拿大开展农业信息服务的重要载体，如尼亚加拉学院信息应用研究中心，主要从事信息搜集、信息技术及应用研究，为政府、大学、科技使用者、商业人员、科技资金提供者、科技驱动者、支持者提供咨询服务，是科技人员与客户之间的桥梁。信息网络公司为加拿大农业提供信息处理技术与服务，如Farms. com公司是一家为农场主提供服务、技术、咨询、管理软件等的公司，1995年依托政府对圭尔夫大学（University of Guelph）的投资项目成立，目前成为最大的农业互联网企业，农民可通过手机进入网络了解咨询农业信息。加拿大专业的农业合作组织非常健全，各类农产品都成立了协会，行业协会直接为会员提供信息和技术服务，包括农产品市场供求信息、育种及栽培技术等。如加拿大黑白花奶牛协会建立了全国奶牛标识系统，记录每头牛从出生到屠宰整个过程的完整档案，帮助农场选用优良种牛，掌握肉牛产品的质量安全情况，提高牛肉质量和改良肉牛品种。协会还对所记录的每头牛的信息进行整理、评价并存入全国查询系统，供养牛户和销售商查看所需信息。其他畜禽养殖过程也都有完整的情况跟踪记录，并建有畜禽评价系统。通过以上的服务，帮助农场保障畜禽品种的优良和品质的安全，提高市场竞争力。

综上所述，加拿大农业信息体系健全，计算机网络、3S技术等现代信息技术应用广泛，政府、大学、公司、协会等部门共同参与，形成了多元化、多层次的信息服务格局。

3. 欧盟

欧盟非常注重将信息技术应用于现代农业，尤其是在发展精细农业、农产品物流以及信息服务等方面。信息技术的应用也不再局限于某一独立的农业生产过程、单一的经营环节或某一有限的区域，而是横向和纵向拓展，极大地提高了农业生产的实力和农产品的国际竞争力。

欧盟农业信息服务主体既有官方机构，又有非官方机构，但以官方机构为主。欧盟官方农业信息服务机构主要有欧洲统计局、欧盟农业委员会、农场会计网委员会和农业理事会。欧洲统计局和农场会计网委员会负责欧盟农业信息收集和标准化处理，在欧盟各成员国设有联络处收集农业信息。农业委员会是欧盟农业信息分析和加工机构，其职能是密切监控农产品市场并从市场获取实时信息，但农业委员会不对外公布这些信息，而是直接加工、分析信息，形成全局性的指导意见并调控市场，以降低农产品价格风险和产量风险，维护欧盟农产品市场的稳定。农业理事会是欧盟主要的农业信息发布机构，信息服务项目主要有政策报告、新闻发布、农产品市场形势和预测、农产品市场价格公报、农业统计信息和研究报告等。

欧洲非常重视农村的信息基础设施建设，用信息化装备农村，推动农村社区管理的信息化、城镇化。欧洲农村社区已经形成了规范的区务管理、民主监督、医疗保健、娱乐休闲和资源共享为一体的社区自动化管理系统，从根本上改变了农村管理的观念和方式，实现了农村社区管理的民主化、科学化、规范化和高效化。

目前,杂志、报纸以及传真等传统的信息传播媒介仍是欧盟为农业生产者提供技术信息和市场信息的重要渠道,但越来越普及的网络对欧盟农业信息服务方式产生了重要影响。欧盟许多知名农业杂志都有自己的域名,比如英国最受欢迎的杂志《农场主周报》。

随着欧盟农业信息服务的不断深入开展,已经形成了政府各级涉农部门、农业企业、农民组织、研究机构、民间信息媒体以及农场主等有机结合的农村信息服务体系,多元信息服务主体在服务内容上各有侧重,服务对象和群体规模各有不同,具有良好的互补性。多元的信息服务主体,实际上构成了一种纵横交织的关系,每"元"都能通过自己的系统直接连通生产经营者,各"元"之间又彼此相连,从而构建了一种为农业生产、管理、经营等各环节服务的、完善的农业信息服务体系。

2.2.3　东亚信息服务概况

1. 日本

日本是一个人口多耕地少的国家,而且耕地面积还在不断减少,自 1984 年以来,一直是世界第一大农产品进口国。日本的现代农业建设离不开农业信息服务的开展。农业信息服务已成为日本科学技术与生产活动紧密联系的载体,使得日本农业在相对困难的自然条件下,获得了极高的生产力,并使得以个体单独进行生产活动的农民成为组织有序地进行生产、生活、销售并与大市场紧密相连的有机体,在提高农村生产、生活质量方面发挥了极大地推动作用。

日本农业信息服务由农林水产省、邮政省、自治省、国土资源厅等省厅从谋求国土经济平衡发展的战略高度来开展,主要落实三方面工作:农村信息化的市场规则及发展政策的制定、大容量通信网络及地方网络的基础设施建设和农业科技信息网的建设。同时,政府为农业市场运行制定了一套严密的法律，根据这些法律，批发市场有义务及时将每天各种农产品的销售及进货数量、价格上网公布。在这种机制下，日本的农产品信息发布具有很高的真实性和及时性，对整个农业生产起到了良好的指导作用。

多年来，日本农村已形成多层次、立体化覆盖的信息传播格局，农村的电视、广播、报刊和网络等各种媒体均较为发达。在各种媒体中日本农民首选电视。日本各地电视台设有丰富多彩的涉农栏目，各地农业行情报道、农业技术专题讲座、农业新品种介绍等节目最受欢迎。对重要的节目，农户还用录像机录好后反复播放，从中获取生产经验和最新农业发展动态。广播也是重要的媒介，日本农民长期有收听广播节目的习惯，在田园工作时，不方便收看电视就拧开随身携带的袖珍式收音机，边干边听。日本农民还有早晨读报的习惯，农户一般订有一些全国性、地方性及专业性报刊，有些报纸整版登载全国各地的农产品市场行情，他们可根据这些信息，安排自己的生产，选择农产品的上市时间。更为重要的是，日本农村报纸发行渠道畅通，当天的报纸每天凌晨 4 点就会送到，一般不会出现延误情况。

同时，日本政府制订了 21 世纪农村信息化战略计划，农村通信网络设施也非常发达。日本相关组织研究人员还开发了一套为农业经营提供信息资料的互联网数据库系统，包括全国农产品价格分析经营子系统，提供不同地区市场和产地运输行情分析和统计；果蔬百科系统，提供了 600 多种果蔬产品的资料，可用关键词检索，也可根据种类进行查找，在查询中还有相应的提示和建议；农作物资源库，是关于农作物品种图片资料的信息库，可以通过关键词或从作物名单上查到所需要的资料。同时，日本还开发了一套农业经营计划支持系统，侧重于对天气、价格波动等农业生产中的风险进行防范，旨在让农民通过互联网共享信息，这个系统是开放的。凭借上述信息系统，农民采用"产销对话"、"家乡风味"、"无污染生产"、"可视化生产"等卖点作为促销手段，开展农产品网络直销经营，缩短了农业生产者与消费者的距离。

2. 韩国

韩国农业小规模家庭经营占主要地位，属于小农体制下的家庭农业。从20世纪80年代中期起，韩国在农业现代化发展过程中，就把农业信息化提上议事日程。政府不断完善农业信息化发展战略，加大对基础设施的投入，尤其重视通信基础设施包括信息网络的建设。1994年，颁布《农渔业振兴计划》和《农业政策改革计划》两部重要法规，以加强信息技术在农业信息化中的应用。进入21世纪，随着经济全球化的发展，以手工劳动为主的韩国农业面对激烈的国际竞争，其深层次问题突显出来。在此情况下，作为农业信息化起步较晚的国家，韩国注重信息技术应用的实效，形成了"工业化"与"信息化"相结合的新模式。

负责韩国农业信息化建设的主要机构是1992年成立的农林水产信息中心。目前，该中心已连接与运营有关的机关团体信息通信网26个，会员7万名。1962年，韩国建立的农村振兴厅在农业信息化进程中也发挥了很大作用。农村振兴厅主要负责农业科研、农业技术推广与农村生活指导以及农民培训，并建立起中央、道、市郡、邑面四级组织机构的一体化指导体系。近年来，农村振兴厅利用先进的信息网络，将上述一体化指导体系连接起来，为农业科研、教育和推广提供信息支撑。

韩国农业信息化发展的一个突出特点是利用远程教育系统开展农业信息服务。该系统是视频会议系统在农业上的应用，它用专用网与互联网相连，可通过电讯实现点对点双向多媒体信息交换和单向多媒体信息广播。该系统主要通过以下途径开展工作:一是通过网络会议系统对农民进行培训,主要讲授农业技术。二是进行农业技术咨询。农户将各种技术需求提交系统,系统管理员整理和归纳后,通过查阅现有文献资源解答或请农业专家回答,最后将结果显示在网页上。三是利用农村振兴厅的网站和地方农业技术中心网站向农场主提供作物长势信息、病害虫预测信息、农业技术信息和农村生活信息等。

政府还重视农村计算机的普及和应用,开办各种类型的培训班,不仅进行计算机的教学工作,而且还开设计算机农场管理等课程。政府还通过投资、补贴等各种优惠政策鼓励农民购买计算机。与此同时,作为亚洲信息通信技术最为发达的国家之一,韩国的移动电话普及率已接近 100%。为了更好地利用移动通信技术为农业和农民服务,韩国政府开发了"移动农业信息服务系统"(Mobile Farming Information Service System,MFISS),经过多年的应用和发展,取得了较为显著的成效,已成为农业移动政务的成功范例。该系统的总目标是"显著提升韩国农民获取信息的能力",相关的子目标具体包括:可以无处不在地获取农业技术信息;无时无刻地为农民提供涉农信息;即使在那些互联网不可能接入的地方也能提供"知识工具";提供随时可应用于实际的农业信息;农业技术新信息的快速分发;通过移动终端快速向农民传递来自农业发展管理局的新技术信息;通过及时发布市场价格信息和实时的疾病控制信息,帮助广大农民最大限度地增加收入;扩大农民与非农民之间的联络功能;通过向城市居民提供各种农村旅游信息以增加农民的旅游业收入等。

韩国的农业信息服务经过多年的发展,已基本实现小农户生产与大市场的对接,极大地提高了劳动生产率和农产品的国际竞争力,在韩国的农业现代化建设中发挥了重要的作用。

2.3　农村信息服务发展经验与启示

在全球化和信息时代，对于中国这样一个农业大国而言，分析借鉴国外经验，以更好地服务于我国农村信息服务建设实践，具有重要意义。在综合分析了国内外农村信息服务发展现状后，得到如下启示。

(1)政府的主导化。国外一些国家的成功做法和国内一些地区的成功实践都表明，提供公共信息服务应作为政府的重要职能，政府必须高度重视、统筹规划、加大投入、加快建设，在推进农村信息服务中必须发挥主导作用。

(2)需求的差别化。不同部门、不同行业，各类企业、合作组织、农户等主体有不同的信息需求。在信息需求的种类上，新品种、新技术、供求、价格、预测等信息成为热点；在信息需求的质量上，及时、有效地定制信息成为主流；在信息需求的主体上，农民需求势头强劲的同时，各类涉农企业、中介组织等的需求也较为迫切。农村信息服务在开展过程中，应充分了解并针对不同群体的需求，做到有的放矢。

(3)渠道的多样化。由于各地整体信息化水平和经济实力的差异，农村信息服务的推进方式也各不相同。目前，各地因地制宜，积极探索，呈现出多渠道、多手段综合应用、模式多样化的态势。如“三电合一”、“三网合一”等模式信息服务就是在这一背景下出现的有效方式之一。

(4)工作的协同化。信息技术在农业领域的广泛应用，已经使农村信息服务渗透到农业生产、加工、流通、科研教育、技术推广、消费等各个环节。信息服务的内涵更加丰富，外延更加扩展，与农业各产业的结合更加紧密，在工作开展过程中应跨行业、跨平台、跨学科，协同交织推进。

(5)发展的社会化。政府主导并不排斥社会力量广泛参与。主导的重要意义在于动员、统筹、整合社会各方面的力量，包括电信运营等工商企业的力量，根据国家的信息化发展规划，合力推进农村信息服务发展。国内外成功经验表明，坚持政府主导，社会力量广泛参与，是农村信息服务发展的必然选择。

农村信息服务是一项庞大的系统工程，涉及面广，需要长期的投入和建设。通过对国外农村信息服务发展的现状分析，结合我国实际，提出我国农村信息服务的发展对策，主要包括以下四点。

(1)加强农村信息服务的重视程度。农村信息服务涉及多部门、多行业，很多具体工作都需要多方面的重视、支持和配合，其有效开发利用依赖于强有力的组织和领导，才能协调各方面关系，形成合力。

(2)强化农村信息服务队伍的建设力度。农村信息服务是一项具有较高技术含量和专业水准的工作，对专业人才的需求迫切。实践证明，一支责任心强、素质高、知识结构合理的专业人才队伍，是有效开展农村信息服务的保证。当前既要加大专业技术人才的引进，更要注重现有专业人员的培训，借助农民培训充分挖掘农村本土人才的资源产出和利用潜能。

(3)提高现有涉农信息资源的共享程度。多年来，农业部门、科研院所、协会和企业等已经积累了大量可供利用和服务的信息资源。虽然在农业部门内部建立了信息资源目录和交换信息目录体系，搭建了公用数据共享交换平台，但还存在海量的信息孤岛。因此，当前应推进信息资源交换制度建设，不断完善信息内容和质量，提高信息资源的共享程度。

(4)增强农村信息服务的社会服务水平。衡量农村信息服务程度的一个重要指标是看其社会服务水平的高低。当前需要建设农村信息服务基础平台,完善信息服务环境,加强信息服务的基础设施建设。同时,在农村信息服务过程中创新服务机制,借助公司化的激励约束机制,采取企业化的运作模式,打造一批有影响、高水平的农村信息服务产业化机构,来进一步提高涉农信息资源的社会化服务水平。

第3章 农村信息化“一才三务”服务模式

农村信息服务贯穿于农村信息化、农业信息化的全过程，是随着科技进步而不断发展改进且随着社会进步而不断丰富完善的一项长期的技术服务过程。

本章对信息技术高速发展形势下农村信息化的服务模式进行归纳总结，并就农村信息化“一才三务”信息服务模式，从农村信息化人才培育、农村电子政务、农村电子商务及综合信息服务四方面分别进行论述。

3.1 “一才三务”服务模式概述

3.1.1 “一才三务”服务模式内涵及各要素之间的关系

为落实国家信息化发展的战略重点，保证国家信息化水平迈上新的台阶，按照承前启后、以点带面的原则，优先制定和实施我国“十一五”时期信息化发展的六项战略行动计划，即国民信息技能教育培训计划、电子商务行动计划、电子政务行动计划、网络媒体信息资源开发利用计划、缩小数字鸿沟计划以及关键信息技术自主创新计划。

农村信息化"一才三务"信息服务模式，以农村信息化人才培育为引领，以农村电子政务和农村电子商务为业务驱动，开展及时有效的政策、科技、市场等方面的农村综合信息服务，形成四位一体的农村信息化建设模式，促进农村信息化建设进程，具体内容包括：

(1)农村信息化人才培育。以国民信息技能教育培训计划为指导，以培育有文化、懂技术、善经营、会管理的新型农民为目标，着力培育能切实为农民服务的农村信息化人才，尤其以培育本土化人才为重点。

(2)农村电子政务。以电子政务行动计划为指导，在村级政府机构管理和服务职能中运用信息技术，实现村级政府组织机构和工作流程的重组优化，超越时间、空间和部门分隔的制约，建立精简、高效、廉洁、公平的政府运作模式。

(3)农村电子商务。以电子商务行动计划为指导，在因特网开放的网络环境下，突破时间和空间限制，以提高效率、降低成本、加快农产品流通为目标，建立村级电子商务平台，开展各种商务活动、交易活动、金融活动和相关的综合信息服务活动。

(4)农村综合信息服务。以网络媒体信息资源开发利用计划、缩小数字鸿沟计划、关键信息技术自主创新计划为指导，以及时、准确、有效地提供农业、农民、农村实用的综合信息为目标，重应用、信息、服务，使得信息对于农民达到"入户、可及、到手、能用"的目的。

以上四点内容构成了农村信息化"一才三务"信息服务模式的四个要素(图 3-1)，这四个要素都是具有大小和方向的向量：其大小体现在业务应用程度，其方向性指是否符合农村信息化建设的实际，它们的关系是向量矩阵乘积，如图 3-2 所示。

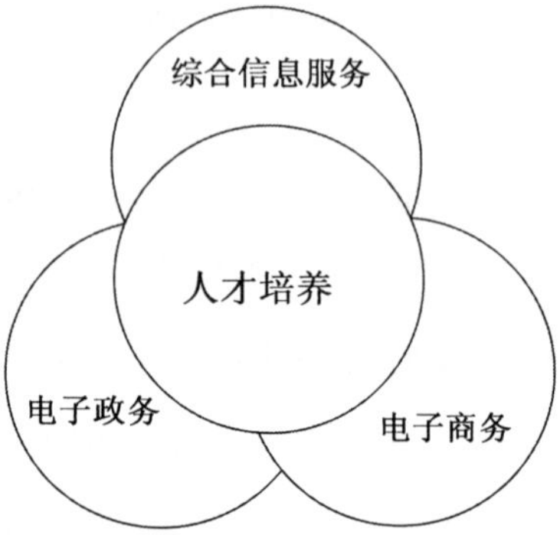

图 3-1 “一才三务”信息服务要素构成示意图

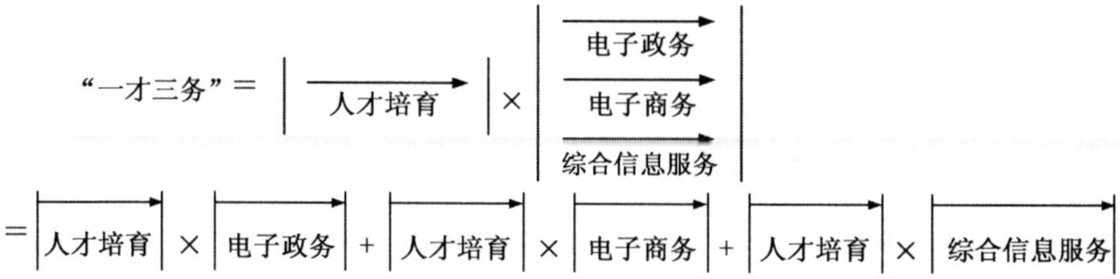

图 3-2 “一才三务”信息服务要素之间的关系

四个要素中农村信息化人才培育起到了至关重要的作用，必须以提高农民的信息化意识和技能为前提，才能顺利开展农村电子政务、农村电子商务和农村综合信息服务。同时，农村信息化人才培育必须以培育农村本土化人才为主，充分利用农村人力资源，提升本土农民信息化意识和技能。不仅如此，培训内容还要符合农村电子政务、农村电子商务和农村综合信息服务的需要，否则将达不到预期的效果。因此，只有长期不懈地开展农村信息化人才培育，以农民素质的提高促进农村电子政务、农村电子商务和农村综合信息服务的开展，才能使得农村信息化建设取得可持续发展的实效。

3.1.2　“一才三务”服务模式架构及特点

通过“一才三务”信息服务模式的推进，以农村信息化人才为引领，农村电子政务、农村电子商务双轮驱动，实现农村综合信息服务进村的架构方式，推动农村信息化的发展（图 3-3）。

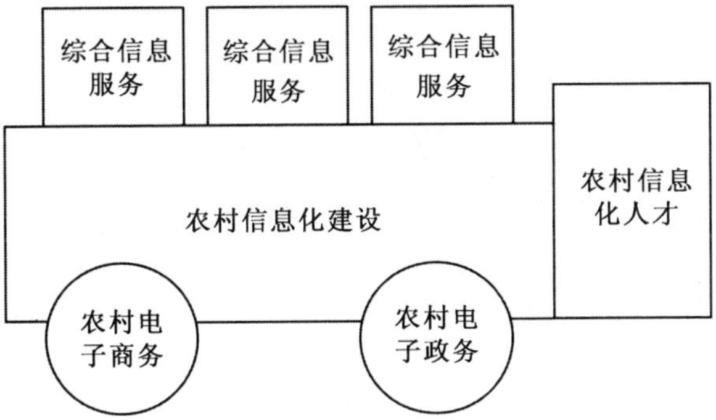

图 3-3　“一才三务”信息服务模式架构图

传统的农村信息化建设推进过程多采用自上而下的方式，从国家逐级向下开展。但是，由于农村基础设施薄弱、农民信息意识淡薄，往往推广到镇一级，甚至仅到县一级便会难以继续。“一才三务”信息服务模式采用自下而上的方式，从村级最底层开始向上推进，与自上而下的推进方式进行对接，形成整体，在原有模式的基础上进行完善和创新，全方位推进农村信息化建设的开展。通过“一才三务”信息服务模式的实施，建立农村信息化人才培训平台、电子政务平台、电子商务平台和综合信息服务平台，各个平台互联互通，既保持相对独立性，又具有相互支撑关系（图 3-4）。

综上所述，农村信息化“一才三务”信息服务模式具有以下特点：

(1)把“以农民为农村信息化建设的主体地位”落到实处。农村信息化人才培育的对象主要是农民，农民是农村信息化建设的主体，“一才三务”信息服务模式以培育本土化人才为重点，长抓培训、率先服

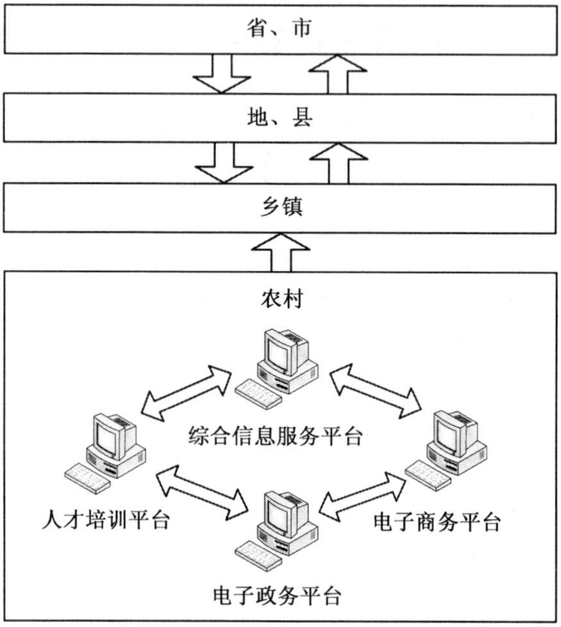

图 3-4 “一才三务”信息服务模式推广示意图

务，充分发挥农民的主人翁意识，以人才信息素质的提高促进信息化工作的开展。

（2）体现“重应用、信息、服务”，自下向上、由点到面。电子政务、电子商务和综合信息服务与农村信息化建设息息相关，几乎涵盖了农民生产、生活的方方面面。“一才三务”信息服务模式以重点推进村级的电子政务、电子商务和综合信息服务为目标，建立自下向上、由点到面的农村信息化服务网络。

（3）贯彻业务驱动，内涵清楚、目标明确、任务具体。“一才三务”信息服务模式以农村电子政务、农村电子商务为业务驱动，以农村信息化人才培育为先导，以“一才”引领“三务”，很好地贯彻了业务驱动的要求，内涵十分清楚，目标任务明确具体。

3.2 农村信息化人才培育

3.2.1 农村信息化人才概述

会计算机的基本操作、文字输入、上网浏览、搜索信息和收发邮件等是农村信息化人才必备的基本条件。有文化、懂技术、善管理、会经营的新一代农民，是符合农村信息化人才要求的第四代新农民。农村信息化人才要在熟练基本操作的基础上，具备信息识别、信息加工、信息应用、信息反馈和预测分析的一定能力，也只有这样才能适应农业现代化建设发展的需要，加速我国农村信息化的稳步发展，推动社会主义新农村建设。

3.2.2 农村信息化人才培育现状

近年来，相关部门每年都会投入大量人力、物力开展农村信息化建设。但是，大部分还是集中在硬件设施上，我国农村信息化建设仍存在诸多问题，如信息资源开发利用的深度不足、信息技术应用范围较窄、从事农村信息化产业的人才较少、农民文化程度较低、信息观念滞后、对信息化认识不到位等。其中农村信息化人才缺乏已经成为制约农村信息化发展的重要因素。

随着我国对信息化人才培养的不断重视，高校为信息产业输送了大批人才。目前，相关产业从业人员中有 70％以上来自高校及科研机构的培养，这批人才对加快我国信息化进程起着重要作用。但是这些人中只有极少数进入农业领域，造成农村信息化人才数量较少，人才储备不足。

而在现有的农村信息化人才中，也存在结构不合理的现象：既缺乏高端技术专家和复合人才，也缺乏低端技术人才和熟练技能人才。信息化项目建设效果不显著的原因通常是信息技术与应用需求之间的脱节，而这种系统设计上的脱节往往是由管理方不熟悉技术、技术方不了解管理、技术应用和业务系统不能有效融合所造成的。在信息化建设中，缺少的就是那种处于管理专业和计算机专业中间地带、精通计算机同时又非常了解管理专业的“沟通人”，这种人在农村信息化发展中非常难得，也非常需要。

在人才培养方面，同样面临着青壮年劳动力匮乏、农民文化水平偏低、参与意识不强、农村本身信息人才培训与科学普及工作不够充分的窘境。

3.2.3 农村信息化人才培育模式

农村信息化人才培育应遵循“了解农村现有人力资源状况，明确农村服务与经营目标，制定信息化人才资源配置方案，走产学研相结合的培养道路，建立人才培养与培训机制、测评机制、竞争与合作机制等人才开发机制，增进人才开发的实效性，合理设计信息人才结构，注意信息人才安全性”的指导思想。

采用“三方协力”的农村信息化人才培育策略，即政府加强对农村信息化人才培养的重视，培训机构加强培训资源的整合力度及培训力度，村民积极响应政府号召，努力学习新的知识(图 3-5)。

首先，政府机构应该加强领导，明确责任，根据当地的实际情况切实落实农村信息化人才及新农民的培训工作。研究培训工作中可能存在的问题，制定相应的政策和措施，协调解决工作中存在的具体问题。各牵头单位和责任单位要结合各自的职责，制定本部门的实施办法和推进计划，各乡(镇)要结合实际，制定切实可行、具有可操作性的实施方案。

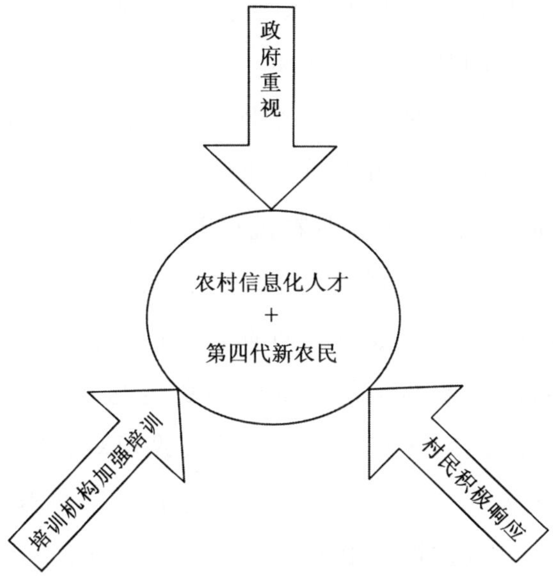

图 3-5　三方协力结构示意图

其次，培训机构应加强资源整合力度及培训力度。进一步整合组织人事、教育、卫生、农业等教育培训资源，建立健全教育培训体系，统筹安排教育培训计划，统筹安排师资力量，以党校、基层干部专修学校为依托，以农广校为基地，加强乡镇、村教育培训阵地建设，引导各类教育培训机构积极参与新农村建设人才及新农民的培训，形成政府推动、市场主导、科技支撑、农民自主的多渠道、多层次、多形式的培训机制。同时，建立生态农业、林果、蔬菜等教育培训示范基地，积极促进农业科研、推广部门之间的联合，推动跨地区、跨专业之间的横向协作，加速科技成果转化，更好地为新农村信息化人才及新型农民提供科技引导与技术服务。

最后，村民积极响应，在自觉提高自身信息素质的同时，积极参加农村信息人才和新农民的相关培训。培训组织者要利用各种民间力量向周边人群进行辐射，带动农户整体参与，形成互动效应。通过各种形式的培训，掌握各种信息媒介、信息工具的使用，了解获取信息的多种渠道，提高村民的整体信息素质。

在培育过程方面，主要分为四个阶段：①信息化体验阶段，主要是培养农民的兴趣，消除信息化恐惧，让信息的作用与好处调动其积极性；②基本培训阶段，主要是培训农民信息化工具的基本操作，建立初级信息化知识体系；③技能培训阶段，是利用信息手段根据农民实际需要培训实用技能操作；④业务培训阶段，主要根据不同业务需求，注重经营和管理培训，为农村信息化的开展奠定基础。

在培养方式方面，对于信息员，由于人数相对较少，可以集中起来统一培训，由各地区统一安排；而对于党员干部和种养大户，这类人群的发展潜力较大，可以定期由各村的信息员统一组织，统一培训，提高他们的信息化能力。

总之，农村信息化的发展还有很长的路要走，在农村信息化建设的伟大进程中，必须重视人才的培养，为农村信息化建设提供一个强有力的人才队伍，在信息化人才的带领下，充分利用农村资源，促进农业增产、农民增收。农村信息化建设与农村信息化人才和新型农民的培养是相互影响、相互作用的，农村信息化建设需要高素质的农村信息化人才和新型农民，而农村信息化人才和新型农民的开发和成长又能推动农村信息化建设的进程，两者是相互融合的。因此，在农村信息化建设中应该重视人才的培养，加速农村信息化建设的进程。

3.3 农村电子政务

在加快农业、农村现代化建设过程中，信息化是当前阶段建设的重点，而农村电子政务可以通过集管理服务、经济服务、文化服务三位一体的公共信息服务模式，较快推动农村政治、经济、文化的发展，为全面建设信息化提供物质和精神上的准备，因此，农村电子政务应当放在农业、农村信息化建设阶段的先行地位。

3.3.1　农村电子政务概述

电子政务来源于英文“E-government”，又有学者译为“电子政府”。国内外电子政务的开展已经历了十多年，对电子政务的定义却仍然没有统一。较为常见的一种定义是：电子政务就是公共管理部门应用现代信息和通信技术，将政府的管理和服务通过网络技术进行集成，在网络上实现组织结构和工作流程的优化重组，超越时间、空间与部门分割的限制，全方位地向社会提供优质、规范、透明的公共服务。尽管没有统一的概念，但公认电子政务主要包括三个组成部分：一是政府部门内部的电子化和网络化；二是政府部门之间通过计算机网络而进行的信息共享和实时通信；三是政府部门通过网络与民众之间进行的双向信息交流。而农村电子政务，即电子政务在农村地区的应用，是基于农村地区开展的电子政务。

3.3.2　农村电子政务发展现状

当前，我国农村电子政务建设面临观念陈旧、基础设置薄弱、人才缺乏、信息不足等问题，同时，还面临着服务信息不足、多部门重复建设、政务方式转变等问题。对农村而言，仅仅依靠国家进行自上而下的建设，抱着等、要、靠的思想，电子政务是无法快速开展的。农村需要充分发扬主人翁精神，“自己动手，丰衣足食”，自发地开展农村自己的电子政务，自下而上地配合国家进行电子政务建设。这样，才能减小数字鸿沟，使农民充分享受高科技带来的便利及优势，提高经济收入和民主意识，使我国农村在全球信息化浪潮中不被拉大差距及淘汰。

3.3.3 农村电子政务发展模式

针对农村现状，提出了农村电子政务“先走第一步”、“碎步快走”、“多点共建、重点突出”等建设对策，具体内容如下：

(1)充分利用现有的技术成果，先走第一步。国际上一般把电子政务发展水平划分为信息发布、单向交流、交互沟通、在线处理、网络集成五个阶段。农村电子政务无论从技术，还是其他角度上看，都不可能一步踏入高级阶段。与其严谨论证如何走好第一步，不如先走出第一步，利用现有的电子政务成果，感受电子政务带来的好处，进而进一步完善发展农村电子政务。当前，国家各级政府、各部门都进行了大量的电子政务、管理系统等的建设。经过简单筛选，村镇先期引进1—2套相关软件及设备，试行相关服务，令村民切实感到电子政务带来的便利，以事实说话，将极大调动村民积极性，促进农村电子政务整体工作的开展。

(2)坚持“碎步快走”策略，及时调整建设目标。我国农村各地情况不同，基础条件不同，农村电子政务很难有统一的建设方案；我国农村电子政务建设时间较短，国内外可借鉴的案例同样不多。因而，当前农村电子政务正处于“摸着石头过河”阶段，总体建设方案很难制定。具体建设过程中，目标要做的长远，应坚持“碎步快走”的策略。“碎步”即每一阶段要将目标定的小一点，目标实现起来容易一些，可以充分吸收已有经验，便于资金筹措，周期短，见效快，可以使村民迅速受益，并积极投身此项建设。同时也有利于不断调整建设目标，发现问题，及时解决，进行转向。“快走”即总体建设上，要不断快速地提出新的发展目标、建设计划，尽快发展电子政务，缩小城乡差距。实行“快走”，是因为知识经济时代，技术、经济发展飞速，如果不尽快追赶，将进一步加大数字鸿沟，加大城乡差距。

（3）“多点共建，突出重点”，加快发展步伐。农村电子政务建设初期，与国家整体电子政务“先政务后商务”的策略应该略有不同，走“多点共建，突出重点”的道路，将更符合农村的实际情况。农村是农民生产、生活的区域。随着生活水平逐渐提高，农村政治、经济、文化、社会管理等方面协调发展，才能达到农村和谐发展的目标。农村电子政务内容建设涉及面广，应该通盘考虑对政治、经济、文化等的促进作用，“多点共建”，以便达到最佳效果。但由于受基础条件制约，在建设前期，还需要突出“重点”。当前，农民更关心的是加强生产，提高收益问题，其次才是民主政治、公共服务等问题。因而，农村电子政务建设初期，在管理、经济、文化同时共建的总体框架下，应重点突出，先从农业信息服务、招商引资、生态旅游宣传等经济服务方面着手。一方面，尽快让农民接触信息化，并从中得到实惠；另一方面，通过经济发展，为电子政务进一步建设筹措资金。在经济服务取得一定效果后，再开展管理服务、文化服务方面的电子政务项目建设，将取得更好的效果。

（4）积极关注国家相关政策，加强村校、村企合作。当前，国家正在大力加强电子政务建设，推动农业、农村信息化进程。农村自下而上进行农村电子政务建设过程中，应该时刻关注国家建设进程及相关政策，充分利用国家提供的各类优惠措施，推进电子政务建设。同时，加强与高校、科研院所、企业等的合作，充分利用其特有优势，在信息化人才培养、建设规划、新技术应用、资金引进等方面，寻求其合作与帮助。

（5）充分利用手机、电话、电视，开展多种方式的电子政务建设。随着国家“光纤入村”、“三网合一”等项目的建设，农村地区的互联网状况逐渐好转，但仍需清醒地认识到，以农村目前的经济状况，短时间内计算机等高端设备的普及是不现实的。随着近年来“村村通”工程的推进，农村的电话普及率和广播电视覆盖率都达到90%以上。充分利用现有资源，通过短信服务系统、语音服务系统、电子屏、数字视频播放系统等应用，开发基于手机、座机、电视机等多种方式的电子政务平台，对村民进行各类公共服务，将是当前阶段农村电子政务建设的最好方式。

3.4 农村电子商务

3.4.1 农村电子商务概述

农村电子商务是指以农业生产为中心而发生的一系列电子化交易活动，包括农业生产的管理，农产品的网络营销、电子支付、物流管理以及客户关系管理等。简单来说，就是现代电子商务在农业中关于农产品的生产、流通、销售的一种应用。农村电子商务以信息技术和全球化网络系统为支撑，充分运用电子商务来大力发展农业产业，推动我国农业市场化转型，促进农业现代化。

目前，各地区也基于各自现状进行了电子商务建设的研究和探索，取得了一些成绩。但是，从总体上来看呈现出良莠不齐的现状，而且大多数地区存在过于强调发展农村电子商务的非必要条件的现象，导致的结果是目前农村电子商务呈现出发展缓慢、局面僵硬的状态，这种情况不适应当今瞬息万变发展形势的要求。而构建农产品链、储运链、销售链“三链相扣”的农村电子商务模式，可以打破目前的僵硬局面，激活并促进农村电子商务发展。

3.4.2 农村电子商务发展现状

从电子商务的概念进入我国以来，构成农村电子商务运作的基本条件一直在不断发展和进步，经过多年的完善已经初步形成。同时作为市场运作主体的政府、企业、有能力的相关组织或个人也分别扮演好了各自的角色，他们是整个市场的实物体现者，也是农村电子商务巨型机器的主要部件。在政府方面，其作用主要体现在引导上，为农村电子商务的发展创造良好的政策环境，制定健全的法律法规，引导培养农民形成发展农村电子商务的意识。近年来，中央连续把农业问题作为一号文件，各部委对信息化和电子商务高度重视和加大支持，国家发改委强调农产品批发市场信息化、农业部对农业信息化重视和积极扶持，这些都表明政府对推动建设农村电子商务的决心和信心。政府做出的种种努力起到了显著的成效，不仅构建起了建设农村电子商务的基本环境和条件，而且培养起了农民构建农村电子商务的意识和觉悟。

在农村电子商务发展模式方面，经过多年的研究和探索，我国农村电子商务模式呈现出多种多样的发展局面，有的研究者将我国农村电子商务的模式分为M2M模式（市场间模式）、战略联盟模式、中介模式和会员模式等；还有的将其分为信息联盟服务商务模式、农民信息服务商务模式（短信商务模式、农村经纪人商务模式、会员商务模式）、企业信息服务商务模式等。选择这些模式的基本原则都是在小范围内基于当地的实际情况，具有一定的可行性，而且很多地区的发展规模和速度也比较高，例如被列为全国“首批信息技术应用示范工程”的寿光蔬菜就是一个很好的例子。

在农村电子商务平台构建方面，目前主要有如下几种平台：①企业自有电子商务平台；②依托第三方电子商务公共平台；③协同电子商务平台；④国际化电子商务平台；⑤对于实力雄厚、信息化基础设施条件较好的发达地区，农业企业可选择构建自有的电子商务平台，并通过Internet实现国际化的电子商务。各企业根据自己的情况或者选择依托第三方电子商务平台来实现电子商务，或者选择协同集成的方法构建协同电子商务平台，还有力图开拓国际市场、具有较强市场竞争力的企业或企业联盟，选择通过构建国际化的电子商务平台，参与国际市场竞争。

而在农民信息意识培养方面，由于农民文化水平有限，使得其在接受新鲜事物方面需要较长的时间，尤其是培养其学会"利用信息实现经济效益增长"的观念更需要时日。随着社会的发展和进步，农民不断地学习新的科学文化知识，必将会逐渐意识到信息的重要性，并且具备获取和利用信息的能力。但是，这个学习过程需要经过较长时间。如果把培养农民具有信息意识作为主要任务势必会制约农村电子商务的进步，这二者之间的关系应当是同时发展进步的，而且应当以整体发展农村电子商务为主，培养农民信息意识为辅，整体农村电子商务发展了势必会加速农民信息意识的提高，这样使两者先后发展进步。

综上所述，我国农村电子商务建设起步阶段已经完成，但是由于种种发展瓶颈，因此需要一种新的方案来突破瓶颈激活农村电子商务，使得农村电子商务迅速发展起来，并形成中国特色的农村电子商务，促进农民增收和农业经济发展。

3.4.3 农村电子商务发展模式

政府、企业、有能力的相关组织或个人是农村电子商务巨型机器的主要部件，在农业较发达地区这些部件相互之间已经连接并运作起来。但是，从全国范围来看，总体表现出实力较弱、东部地区发达、西部地区落后的发展不平衡现象。因此，著者提出了"三链相扣"的农村电子商务模式，即整合全国的资源，将重点放在产品加工链、储运链、销售链三条主链的组建上，这三条主链结合起来配合以商品流、信息流和能源流等把农村电子商务巨型机器组成一个整体，使其在全国乃至全球范围内运转起来。

"三链相扣"模式构建方案具体来说，其行为主体包括政府、企业、有能力的相关组织或个人。行为主体负责建设农村电子商务网站、农产品储藏站、销售网点等实体，同时行为主体也是整个方案中的操作者和引导者。其中政府主要起引导与支持作用；企业及相关组织和个人是主要的操作者；而产品生产者和消费者是巨型机器的能源输入者，他们提供产品价格、数量、需求等信息。这些信息是维持巨型机器运行的能源，相当于人体的血液，没有血液人体不能存活，同样没有能源机器也就不能运转，这些信息源源不断、持续更新地输入机器体内，使得该机器长久运转（图 3-6）。

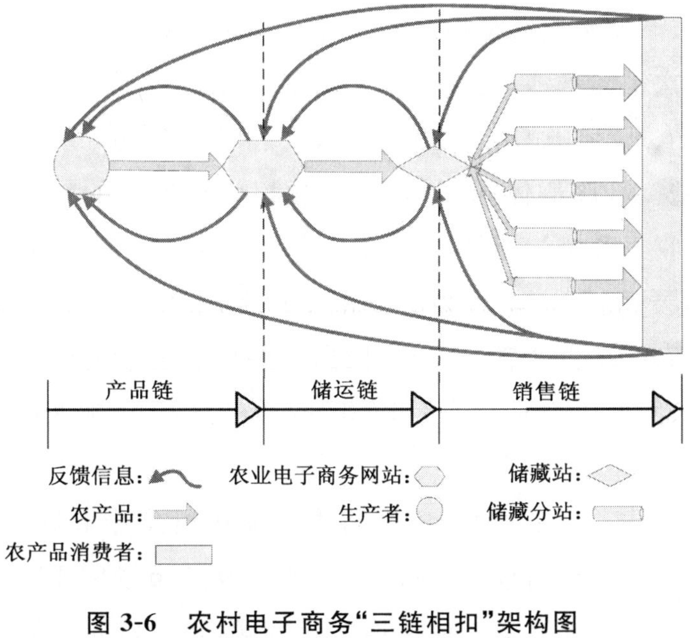

图 3-6　农村电子商务"三链相扣"架构图

"三链相扣"模式构建方案中的"三链"，即农产品产品链、储运链、销售链，其含义具体如下。

(1)农产品产品链是指将各地区农产品在各个集散地进行初步加工后,将产品的品种、价格、质量、数量等信息输入各个农村电子商务网站进行统一归类发布,以达到全国各地共享农产品信息的效果。由于农产品地域性的差异,使得不同地区农产品在种类、价格、需求上都有很大的差异,因此将信息统一归类、整理发布具有重要的经济意义和现实意义。

(2)农产品储运链是指将从各地区收集的农产品存放在各储藏地进行暂时的货物中转,其中各地区的储藏地由政府、企业或有能力的相关组织及个人开设与管理。各个储藏地将收集到的农产品分类汇总,根据订单送到需求地区。采取这种集中储存和运输的管理办法可以在节约储运成本的同时提高交易效率,易于形成规模化、产业化。

(3)农产品销售链是指由各个储藏地根据订单将农产品送到不同需求地的次级储藏地,再由次级储藏地发往消费者手中。其中消费者是指消费农产品的企事业单位、个人等。销售链的末端是具体的每个农产品消费者,该群体同样具有分散性强、数量大的特点。同时销售链还具备收集各个消费者需求信息的功能,销售链末端收集的这些信息经过层层汇总分类最后发布到电子商务网站上,网站再将信息发布给各地区农产品生产者,生产者根据这些信息进行有针对性和目的性的生产,从而形成一种信息反馈机制,通过这种机制达到智能调节市场的效果。

综上所述,“三链相扣”方案将农产品进行集中收购和分销,在尽量短的时间内送到需求地,解决了农产品及其市场因季节性、周期性、分散性而引起的储藏运输成本增加等问题,可以满足不同农产品的销售特性需求。通过运用手机、座机、电视机、计算机等多种信息传播媒介,保证了“三链相扣”方案中信息的获取和流通。农民打个电话、发个短信就可以查询各地同类产品的市场分布及价格等信息以便及时调整生产策略；同时也可通过这种方式将自己农产品的情况上报给农产品电子商务网站，既简便又省时省力；此外，还引进了消费者需求信息反馈机制，将需求信息及时有效地反馈给生产者，生产者根据需求有目的地进行生产，使得农业生产不再盲目，从经济效益角度来说符合科学生产的要求。

由于“三链相扣”方案将农村电子商务在全国范围内看作是一部巨型机器、一整套系统，进行统筹规划和部署，使全国农产品市场规模化、整体化，牵一发而动全身，起到实时、高效、智能化的效果。同时由于该方案在将农村电子商务各部件串联起来的基础上，为其提供了动力铰链以及运转能源——信息流，使得农村电子商务这台巨型机器激活、开动起来，为我国农村信息化建设、社会主义新农村建设做出重要贡献。

3.5 综合信息服务

3.5.1 综合信息服务概述

农村综合信息服务是指开发、整合和利用涉农信息资源，向农民提供与农业、农村、农民相关的农产品、农资、农务、教育、医疗、休闲等的信息；开发和应用贴近农民需求的信息系统和信息终端，利用公共网络和各种专网，通过恰当的接入方式，使信息进村入户；形成市场化运作机制，以农民普遍能够接受的价格和方式提供信息服务。

目前大部分的农村综合信息服务建设仅仅停留在提出建议和对策阶段，缺乏具体的实施方案，使得农村综合信息服务建设步伐缓慢，同时导致了过分依赖网络、信息服务方案可操作性不强等诸多问题。

针对实施信息化过程的载体和终端的层次性和多样性，依据信息展现的“文本、图片、音频、视频”等类别与不同终端的适配要求，以低成本、易用性和便携式为目标，采用“手机、座机、电视机、计算机、音频信息服务机、图片信息服务机、视频信息服务机、多媒体电子阅读机、数字放映一体机”等多终端“九机并进”农村综合信息服务模式。该模式是以终端产品服务于农村，直接改变农村生活模式，以带动农村信息服务发展的一种实践路径，可以促进综合信息服务在农村基层的推广，提高农民接受度，提高农村综合信息服务的质量和效率。

3.5.2 综合信息服务现状

1996 年第一次全国农村经济信息工作会议明确了农村信息化建设的方向，至今我国农村信息化建设在信息化发展策略和信息基础设施建设等方面都取得了很大的进步。但是在实施农村综合信息服务建设的同时难免存在着一些问题，阻碍着信息服务建设的发展，这些问题突出表现在如下几个方面：

(1)缺乏针对性。目前各地区农村综合信息服务建设战略方针和实施方案大都出自于管理部门。管理部门制定的战略方针是宏观的、综合性的方案。由于我国信息网络建设还停留在国家、省、市层面上，县、乡、村的建设比较落后，导致我国农村地区信息相对匮乏。我国存在着地域辽阔、人口众多、地区差异性较大等问题，针对不同地区的不同情况应有不同的综合信息服务方案，在实际操作的过程中仍然按照理想的方案进行信息服务，使得农村综合信息服务方案与实际情况未能很好地匹配，无法收到应有的效果。

(2)实施途径庞杂无序。由于没有对目前农村的信息获取链进行充分的调查和分析，导致大多数农村地区在制定信息服务方案的时候往往将所有的信息传播途径全部用上，对互联网、移动通信网、固定电话网、广播网等信息传播渠道都制订了实施方案，出现了实施手段五花八门、途径庞杂无序等问题。由于我国不同地区的信息网络设备覆盖率不同,盲目地采用百花齐放的方案难免导致信息化建设和农村综合信息服务的无序化。

(3)片面强调互联网的作用,实际操作性差。在目前农村综合信息服务的过程中尤其以互联网更为引人注目,很多地区将拥有计算机的数量和网络覆盖情况作为衡量农村综合信息服务建设进程的标尺。然而我国农村地区在互联网络建设上有其自身的缺点:首先,由于大多数农民文化水平有限,很多农民对计算机和网络一窍不通,即使文化层次较高的农民可以使用计算机和网络,但是缺乏指导和培训,他们对网络资源的了解程度和利用率都不高;其次是使用互联网成本过高,国务院新闻办公布的 2014 年全国农民人均纯收入为 9892 元,目前一台计算机和宽带费用加起来平均价格在 4000 元左右,占到一个普通农民年收入的 40.44%,显然对于普通农户来说是一笔不小的开支。总体来说现阶段在农村地区大面积普及互联网,实际操作性差。

3.5.3　综合信息服务模式

针对目前农村综合信息服务建设中存在的种种问题,通过分析目前农村地区综合信息服务建设现状,采用“九机并进”农村综合信息服务模式,通过“手机、座机、电视机、计算机、音频信息服务机、图片信息服务机、视频信息服务机、多媒体电子阅读机、数字放映一体机”等信息获取终端的利用达到信息服务的目的,既能满足目前农村综合信息服务建设需求,又符合当前农村综合信息服务发展现状。

第 4 章
农业信息化“3×3 架构”服务模式

农业信息化是农业产业化、工业化和信息化的有机融合。以信息化带动工业化，以工业化促进农业产业化，这是我国改革开放多年总结的宝贵经验。在社会主义现代化建设过程中，在不断提倡和推进新农村建设的实践中，必须大力发展“新农业”。作为发展新农业的第一步，当前应该大力加强农业信息化建设，在农业信息化水平不断提升和发展的过程中，逐渐实现“新农业”的目标。

本章在对农业信息化各阶段进行归纳总结的基础上，依据农业信息化“3×3 架构”模式，通过对农业生产各环节的详细论述，探索了农业信息化“3×3 架构”信息服务模式及实践路径。

4.1 “3×3 架构”服务模式概述

4.1.1 “3×3 架构”服务模式定义

根据农业生产过程的时间顺序，将农业信息化分为产前、产中和产后三个阶段。其中,产前信息化包含劳动资料、劳动对象和劳动者的信息化;产中信息化包含生产过程、生长过程和产品管理的信息化;产后信息化包含储运、加工及产后销售的信息化;简称为农业信息化"3×3 架构"(如图 4-1),围绕农业信息化"3×3 架构"开展的相关信息服务就是农业信息化"3×3 架构"信息服务模式。

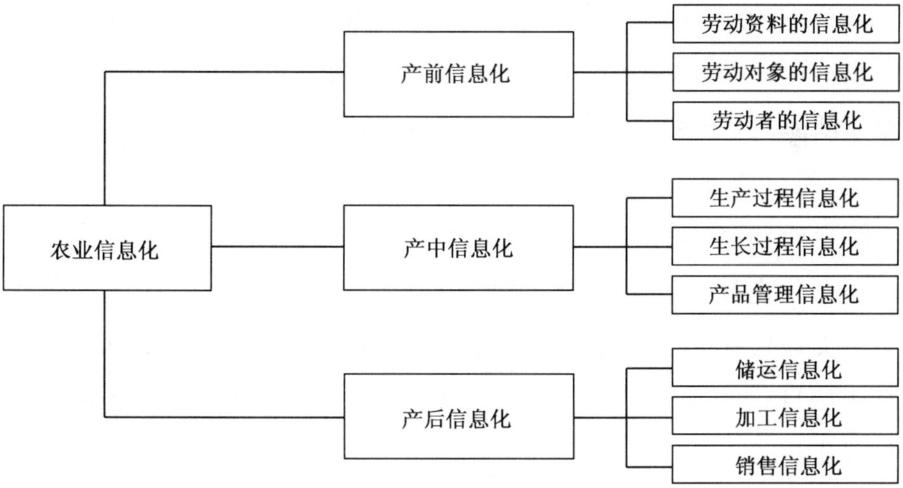

图 4-1　农业产前信息化体系结构图

4.1.2　产前、产中、产后信息化的关系

虽然产前、产中和产后信息化各有侧重,但却又互相渗透、不可割裂,共同统一于农业信息化这个有机的整体中。其中产前信息化是基础,引领产、中、后的信息化,是整个农业信息化的先导;产中信息化是实现农业高产增收的关键性阶段,它依托于产前信息化,又影响着产后的信息化;而产后信息化的结果如市场行情等又反映了农业市场的走势,决定着产前信息化的实施。三个阶段信息化互相衔接,互有影响,互相交织。

此外,很多农业的信息化手段相应地贯穿于农业生产的前、中、后整个过程中。如设施农业，它的核心设施是环境安全型温室、环境安全型畜禽舍、环境安全型菇房等，采用必要的设施设备，同时选择适宜的品种和相应的栽培技术，使传统农业逐步摆脱了自然的束缚，同时也是农产品打破传统农业的季节性，实现农产品的反季节上市的有效方法，其中既包括产前相关设备的准备和作物品种的选用，又包含产中栽培技术的应用及产后反季节作物的销售；又如农业专家系统，它主要包括产中栽培及生产管理系统、农作物生长发育模型模拟系统、营养诊断系统、温室的环境控制与调节系统、病虫草害预测预报诊断系统、产前市场预测系统、农场管理决策系统等。

综上所述，农业信息化的这三个阶段是紧密联系不可分割的，在农业信息化进程中互有渗透，共同组成了农业的全面信息化。在我国社会主义现代化建设进程当中，只有牢牢把握农业信息化的概念，理清农业信息化的主要任务和内容，用科学的模式推进，才能最终实现农业现代化。

4.2 产前信息化

生产力是人类改造自然的能力，是由劳动者、劳动资料、劳动对象以及参与社会生产和再生产过程的其他一切物质技术要素所构成的一个复杂系统。

劳动者包括体力劳动者和脑力劳动者，在生产力发展的不同阶段，劳动者的生产经验、劳动技能以及知识、智力、文化、技术修养不同。

劳动资料是在劳动过程中用以改变或影响劳动对象的一切物质资料和物质条件。生产工具是劳动资料的主要内容，此外还包括生产的动力系统、能源系统、运输系统、自动控制和信息传递系统、劳动场所以及其他辅助物件等。

劳动对象是指生产过程中被加工的物质。它分为两大类：一类是没有经过劳动加工的自然物；另一类是经过劳动加工的物质。

农业的产前信息化是指劳动者在参与生产的过程中所积累的生产经验、劳动技能、知识，在生产周期开始前所做的准备工作，以及通过互联网等先进媒体所获取的信息等，以备利用到之后的生产中。如：种子、种苗、农药、肥料等农资产品行政管理信息公开及产品、市场信息发布，方便农民选购、验证和投诉的农资信用信息体系、农资监管长效机制的建立。这些产前信息化工作可以从根本上规范种子、种苗、农药、肥料等农资产品的市场秩序，提高农资生产，达到维护农民合法权益的目标，减少由于产前农资产品质量问题引发的重大农业生产事故，使农民利用农业信息的能力得到切实提高。

产前信息化按照生产力的要素可分为劳动者、劳动资料和劳动对象的信息化。

4.2.1　劳动者的信息化

劳动者信息化是农业产前信息化的关键。目前我国农民的文化水平仍较低，通过网络等先进媒体获取信息的能力较弱。农业信息化最终取得成功需要大量能够直接服务于农村基层和农民的农业信息化专门人才，他们承担对农业信息的上传下达任务，还要培训广大农民，从而使农业信息化人才得以不断涌现，使农民利用农业信息的能力得到切实提高。

(1)在农业产前信息获取方面，涉及的相关人员包括直接使用信息的不同级别人员，也可以包括那些不直接与计算机接触、但依赖系统所提供的数据或信息的人员，其中农民是最广大的农业信息使用者。虽然目前获取农业信息的渠道有多种，但接收信息时，要求具备使用计算机上网的基本知识、会使用常用的通信工具、能够阅读文字信息等。

(2)在农业产前信息分析和决策方面,需要劳动者具备较高的能力,同时可以使用一些较智能的软件加以辅助。如从农业环境信息(包括农业气象、病虫害、环境污染等)、农业生产供应信息(包括种子、种苗、农药、化肥、农具、饲料、原料等)、农业生产信息(包括种植面积、长势、产量、存栏量、管理状况等)等大量信息中获取劳动者需要的信息,就需要劳动者必须具备一定的计算机操控能力和农业专业技术水平,这样才能为农业管理决策奠定基础。

4.2.2 劳动资料的信息化

劳动资料中的生产工具部分是生产力发展水平和性质的主要标志,同时也是划分经济发展时期的重要标志。种子、种苗、农药、肥料等农资产品是农业生产的基础,是农业产前的必备物资。通过劳动资料相关信息管理系统和信息获取设备,推进劳动资料信息化和相关信息服务,是开展产中和产后信息服务的基础和前提,直接影响产中和产后信息化建设。

4.2.3 劳动对象的信息化

劳动对象是人们施加劳动于其上的物质资料。及时了解劳动对象的数量、质量、种类和变化趋势对农业产前信息化有重要的作用,如农业生产周期长,受自然灾害风险较大,加之我国农村是典型的小农经济,农户数量大,缺少相关的指导,市场行情多变,导致我国农民还要承受很大的市场风险;在国际农产品市场上,由于行业组织、网际市场经验和信息流转等原因,在一定程度上存在市场管理机制缺位,不可避免地造成我国某些进出口企业在农产品国际贸易中处于劣势。因此对农业市场信息进行系统收集、管理、分析,进而预测国内外市场消费需求，同时及时反应市场供求和竞争态势的发展变化，可以指引农户因地制宜，扬长避短地安排劳动对象的生产和销售，可以通过对劳动对象信息的准确把握来更好地抵御市场风险。

综上所述，农业产前信息化是农业生产信息化的重要环节，只有产前的信息化程度足够高，才能使生产者作出较符合市场需求和产能的生产计划，使农业生产实现最大效益。而实现劳动者的信息化是农业产前信息化的关键。只有劳动者实现了信息化，掌握了足够的信息，才能去分析、决策，如何安排生产资料，选取何种劳动对象。

4.3　产中信息化

产中信息化是指生产过程的信息化，即在生产过程中应用信息技术从而提高农业的生产效率和管理效率，具体包括生产过程、生长过程以及产品管理的信息化。下面分别介绍各个过程及相关信息技术的应用。

4.3.1　生产过程信息化

生产过程信息化包括农业生产过程中的方方面面，从农作物的播种、育苗开始，到作物的施肥、除虫，再到收割收获；从牲畜的出生到喂养等所有的过程都可认为是生产过程的一部分，农业生产过程的信息化就是要实现这一系列过程的信息化，可以通过结合现代农业生产方式、新的技术手段来实现。常用措施如下：

利用精准农业的手段，根据作物生长情况和土壤肥力的空间差异，调节作物管理，实时诊断耕地和作物长势。在充分了解大田生产力的空间变异的基础上，以平衡地力、提高产量为目标，实施定位、定量的精准田间管理，实现高效利用各类农业资源和改善环境这一可持续发展目标。

借助于农业专家系统中相关资料的全面性和专业性，启用系统中农作物栽培及生产管理系统、病虫害防治系统等实现生产过程的智能化。

利用生物学手段，按照自然的生物学过程管理农业，适当投入能量和资源，维持系统最佳的生产力，通过促进自然过程和生物循环保持土地生产力，用生物学方法防治病虫害，实现农业环境的生态平衡。

利用有机农业的手段，在农产品生产过程中完全或基本不用人工合成的肥料、农药、生长调节剂、畜禽饲料添加剂等，而采用有机肥满足作物营养需求的种植业，或采用有机饲料满足畜禽营养需求的养殖业，有利于保障人民身体健康，减轻环境污染，恢复生态平衡。

利用信息手段，实现以计算机为平台的研究对象与环境因子交互作用，以品种改良、增产为目的的技术系统等。

通过工厂化手段，在相对可控条件下，通过研究解决植物、牲畜等自身的生长发育规律和所需的环境条件，建立相应的生产工艺和流程，使其生产过程趋于程序化，从工业角度管理生产、制定技术、产品标准和工艺流程等，在最经济的生产时空内，生产出更多的优质农产品。

利用虚拟技术手段模拟农产品生产组织的流程，并根据模拟的结果，对生产方案进行评价，降低生产消耗，提高生产效率。

利用网络技术手段将大量农业生产的相关知识与技术用于指导生产，如优良品种选育、生产期间的水肥管理等，同时利用网络资源还可实现生产过程中的信息公开。

通过数字技术手段，将遥感、地理信息系统、全球定位系统、计算机技术、通信和网络技术、自动化技术等高新技术与地理学、农学、生态学、植物生理学、土壤学等基础学科有机地结合起来，实现生产过程中对农作物、土壤从宏观到微观的实时监测，以实现对农作物生长、发育状况、病虫害、水肥状况以及相应的环境进行定期信息获取，生成动态空间信息系统，对农业生产中的现象、过程进行模拟，达到合理利用农业资源，降低生产成本，改善生态环境，提高农作物产品和质量的目的。

4.3.2　生长过程信息化

生长过程涵盖了从作物的播种发芽开始到收获结果的过程，牲畜以及农业微生物的从孕育到死亡的过程。生长过程信息化是对这个过程实施信息化监控和管理，这是一个长期并且庞大的工程，同时它也与生产过程的信息化交织重叠，共同构成生产与生长过程的信息化，其手段具体包括：

利用遥感技术和作物生长模型，建立农作物生长动态监测系统，对农产品长势进行监测。在作物生长模型、遥感信息及气象信息的主要农作物长势综合监测评价指标与模型等的辅助下，提高农作物生长监测的精细化程度，实现农作物生长的多时效、定量化、全程性的测评与估产，提升作物生长动态监测的定量化和精细化水平。

对畜禽饲养管理实现信息化和自动化，通过埋置于家畜体内的微型传感器及时反映家畜新陈代谢状况，通过计算机模拟运算，判断家畜对于饲养条件的要求，及时自动输送饲喂配方饲料，实现科学饲养，并建立作物及牲畜的营养诊断系统，保证其充足的养料。

建立农作物病虫草害防治信息系统，实现农作物病虫防治信息化和自控，在田间设置监测信息系统，通过信息网发出预测预报，利用计算机模型分析，确定防治时间和方法，采用自控机具或生物防治方法或综合防治方法，对病虫害实行有效的控制。建立牲畜的疾病防御系统，定期进行打疫苗、驱虫等工作。利用虚拟技术手段模拟生长过程并据此得出较好的培育方案。采用信息公开化手段,尽可能实现生长相关信息共享。

此外,生物环境监测还包括常规监测技术中微生物的应用,生物大分子标记物、生物传感器等在环境监测中的应用,而生物传感器的出现又使环境监测的自动化和连续化成为可能。

同时生产过程中的水肥管理、饲料管理、栽培技术等也对生物生长过程起着举足轻重的作用,而病虫害防治等更是贯穿于这两个过程中。由此可见,生产信息化与生长信息化并不是绝对独立的,它们互相渗透、互为补充,一般不能将其割裂看待。

4.3.3 产品管理信息化

农产品管理的信息化,包括农产品的收获和利用信息技术对农产品进行管理等。利用现代化手段可以统计农产品数量并及时跟踪其物流情况,如射频识别(RFID,Radio Frequency Identification)技术等,这也为下一阶段产后信息化的实现做了较好的准备工作。

在收获农产品方面,方式包括刈割法、掘取法、摘取法。其中、刈割法用于收获禾谷类作物牧草,机械化程度比较高,而且多为大型机械;掘取法用于收获甜菜、马铃薯、甘薯等地下块根或块茎等作物,多为一些小型的农机器械;摘取法用于部分果品蔬菜的收获,近年来机器人越来越多地应用到摘取法收获中。这类机器人采用彩色摄像机作为视觉传感器来寻找和识别成熟果实,由机械手、视觉传感器、终端握持器及移动机构等几部分组成。利用机械手的自由度,能避开障碍物,终端握持器的中间有压力传感器,能避免损伤果实。在农业中运用机器人是对劳动生产率质的提高,也标志着农业机械产品技术发展的新阶段。但是由于农业作业的复杂性、农产品的价格、农业生产的季节性等因素对农业机器人的智能性、性价比提出较高的要求,成为制约农业机器人发展的瓶颈。

在农产品管理方面，建立农产品信息管理系统，首先要对农产品分类，统计数量等信息并进行质量检测，将所得的数据存入系统并利用网络资源进行共享，对管理过程中有关信息进行收集和加工，为决策提供支持，提高农业管理的质量、效率和效益。

将计算机信息技术应用于农业计划管理，可以增加产值、减少管理费用、减少消耗。同时，也为财务管理、作物生产存储管理及制定销售计划等提供了很大的帮助。

4.4　产后信息化

产后信息化是指农业生产后所得的农产品的储运、加工和销售等过程的信息化，还包括农产品供需矛盾、生物特性、流通的先决条件的信息化分析等。主要方式是建立信息系统代替传统的各种人工管理，减少人员操作，如建立采购管理系统、销售管理系统、订单管理系统、仓储管理系统、运输管理系统、客户管理系统、企业电子商务平台等；也包括将信息系统与硬件技术相结合，以实现更加自动化、高效化的管理，如使用 RFID 技术自动采集信息，传入信息管理系统等。

通过实现农产品产后信息化可以提升农业产后活动效能。如：加速信息的传递，提供货物位置、发货状态、承运人信息和车辆跟踪等信息查询服务；将计算机技术和因特网应用于物流，可以拓宽农产品的物流活动空间；而信息技术的发展可以使物流更加贴近需求并因此获得收益；此外通过信息化的信息实时流动，可以高效地知道哪些产品运往哪里，在哪里进行何种加工比较经济合理。

根据农产品产后从生产者到达消费者手中的流通过程（图 4-2），将产后信息化分为储运、加工、销售三个阶段。

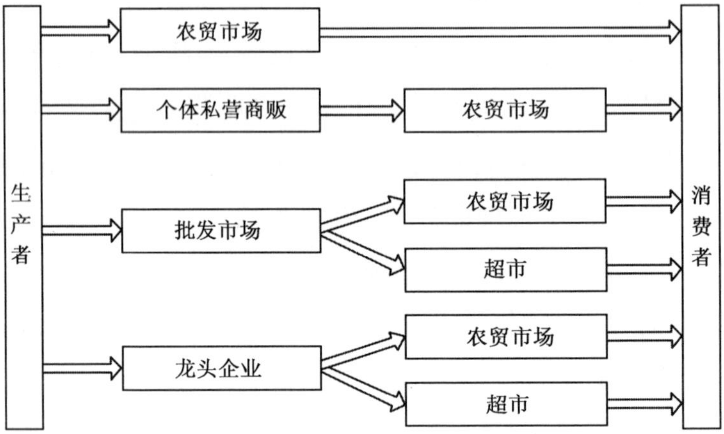

图 4-2 农产品产后流通模式

4.4.1 农产品储运信息化

在农产品储运环节，通过建立网络信息传递平台保证信息的流动：①完善网络等硬件基础设施，建立物流企业、货主企业、供应商以及有关事业单位等相互之间的计算机通信网络，实现与互联网的连接，配置相应的数据采集、处理等硬件设备，建立畅通的现代信息沟通渠道，保证信息的及时传递。②大力开发物流信息系统。

在使用以上的信息手段进行信息化时需要采集大量的信息，基于信息传递的高效性，需要与之相适应的信息采集方式，避免出现信息化“短板”。目前常用的解决方式是应用 RFID 技术：①在运输和仓储阶段，利用 RFID 标签和沿途安装的固定读写器跟踪运输车辆的运输路线和时间；在仓库进口、出口安装固定的读写器，对产品的进、出库自动记录。很多农产品对存储条件、存储时间有较高的要求，利用 RFID 标签中记录的信息，迅速判断产品是否适合在某仓库存储，还可以存储多久。②在出库时，根据存储时间选择优先出库的产品，避免经济损失。同时,利用 RFID 还可以实现仓库的快速盘点,帮助管理人员随时了解仓库里产品的状况。

4.4.2　农产品加工信息化

农产品产后加工信息化存在多种方式:加工企业应用计算机统筹兼顾各环节、加工过程可视化、加工具体环节应用 RFID 技术等。

企业应用计算机统筹兼顾各环节是指从市场分析、经营决策、产品设计到加工过程的各个环节,最后到销售和售后服务,包括原材料、生产和库存管理、财务资源管理等全部运营活动,在全局统筹指导下,在充分发挥集体智慧和合作精神的氛围中,关联起来集合成一个整体,逐步实现整个企业的计算机化。目的是缩短产品的生产周期,改善企业经营管理,适应市场的迅速变化,获得更大的经济效益。

加工过程可视化,就是将原料的外观品质及内部品质的信息、加工过程的相关信息及产品质量的信息等转换成人的视觉信息,用图文并茂的方式显示出来。此方式既可以大大提高质量的跟踪能力和监测能力,同时还可根据市场需求把产品加工过程的相关甚至全部信息公布,使消费者从内心深处感觉到产品真正安全、真正卫生,进而提高消费者对产品的信任度。该技术亦可与互联网技术结合起来使用,构成基于网络的可视化,整个信息可在网络上传输和显示。

在具体的加工环节,RFID 技术也能够在信息化中发挥一定的作用。利用 RFID 标签中的信息对产品进行分拣,符合加工条件的产品才能允许进入下一个加工环节。对进入加工环节的产品,利用 RFID 标签中记录的信息,对不同的产品进行有针对性的处理,以保证产品质量。加工完成后,由加工者把加工者信息、加工方法、加工日期、产品等级、保质期、存储条件等内容添加到 RFID 标签中,这样,大大提高了加工企业的加工效率。

4.4.3 农产品销售信息化

目前我国大部分农产品交易仍以传统的农产品批发市场流通模式为主，通过农产品市场销售的产品总量占全国主要农产品总量的50％以上，销售额占农产品总产值的61％，仅有6％的农产品是由生鲜超市售出。即使是在全国连锁超市业最发达的上海，在生鲜超市销售农产品的比例也不过25％。而我国农产品总体呈现销售困难的趋势，如陕西芹菜被碾碎在地里、海南辣椒烂在田里等类似情况时有发生，农民增产却难以增收，分析原因主要是由以下两点造成。

(1)农产品供需矛盾突出。由于农产品生产的地域分散性、季节性同农产品需求的全年性、普遍性之间存在矛盾，使农产品供给与消费之间产生矛盾，而供求信息沟通不畅使这一矛盾进一步加剧。

(2)储运及销售过程所需技术及设备要求较高。由于农产品的生物属性，使得对农产品的储藏、运输、销售等环节有很高的要求。如大部分农产品具有易腐性，在流通过程中需要采取各种措施以达到保鲜的目的。一些鲜活产品进入流通领域后，还必须进行饲养、防疫等，这些都需要专门的技术并配套相应的硬件设施，如设立专门的仓库、输送设备、码头、运输工具、装卸设备等。处理不当易使农产品损失率提高，增加了农产品的销售成本。

针对上述问题，农产品产后销售交易过程可以通过互联网进行。互联网营销农产品，就是利用信息与通信技术，在互联网上进行信息、产品或服务传递以及支付过程，实现农产品的交易过程和工作流程的自动化。在美国，互联网被用来进行棉花、谷物、肉类制品和奶制品等许多农产品的交易。发展中国家如巴西、印度也已开始使用互联网销售咖啡和茶叶等商品。

互联网营销农产品有两种比较成功的经营模式：①B2B电子集

市。是把许多采购者和消费者聚集起来的场所，不仅交换产品和服务，而且共享各种增值服务。重点在于提供的产品和服务的差异性和专业性，主要是建立贸易团体，包括在线贸易和中间交易两种。电子集市提供了四个主要功能：购买者和销售商可利用的内容或信息；使购买者和销售商匹配的（撮合）能力；处理网上的交易能力；通过整合贸易合作伙伴的功能支持协作的能力。②在线拍卖。是按照一定的行为规则，卖方在一个网站将产品公开出售，而买主不必到拍卖现场，通过互联网在任何时候访问拍卖网站了解正在进行中的拍卖状态，在不同的时间进行竞价。在线拍卖使卖方以一种有效的方式避开费用较高的中间商，以买方愿意支付的价格出售，从直接销售中获得更多收入，而卖方也获得了价格、产品、供需等方面的完全信息。

在信息化技术方面，同样可以采用 RFID 技术。商家利用 RFID 标签了解购入商品的状况，帮助其对产品实行准入管理；收款时，利用 RFID 标签比使用条形码能够更迅速地确认顾客购买商品的价格，减少顾客等待的时间；此外，商家还可以把商场的名称、销售时间、销售人员等信息写入 RFID 标签中，在顾客退货和商品召回时，对商品进行确认。

综上所述，农业产后通过对储运、加工和销售等环节进行信息化，为运输、仓储、采购、配送、流通加工、库存管理、成本控制、信息管理、预测决策、系统评价等提供了新的解决方法，可以在各个环节减少损耗、提高效率，为整个农业发展做出贡献。

第 5 章

农村信息服务技术集成及应用案例

农村信息服务技术是随着新一代信息技术发展而不断向前推进的。在以信息化促生产、信息化保安全、信息化惠民生为核心思想的前提下，以信息技术为代表的农业科技，正在农业产前、产中、产后等各个环节大显身手、发挥作用，农村信息服务已成为建设我国新农村的必然选择和重要的推动力量，在发展现代农业、促进农民持续增收、加快农村公共事业发展、提高农民整体素质等方面，具有至关重要的作用。

针对农业生产、经营和服务以及农村社会生活管理等国家农村信息化建设的重大需求，面向信息化需求迫切的农村信息服务领域，通过集成优化农村信息服务技术，采用功能集成、网络集成、软件界面集成等多种集成技术，实现农村信息服务系统的软硬件集成，数据与信息服务等的集成，使资源达到充分共享，实现农村信息服务集中、高效、便利的管理。

本章精选农村信息服务中信息采集、信息交换、信息管理、信息服务及服务终端的典型技术集成及应用实例进行了简要介绍。

5.1　农村信息服务技术集成及应用概述

农村信息服务离不开信息技术的有效支撑。围绕信息的获取、传输、存储、处理到发布利用的全过程进行研究，集成数据采集、内容加工、资源整合、可靠传输、海量存储、智能处理、有效使用等相关关键技术，形成多方位、低成本的农村信息服务关键技术体系，将为新农村信息化建设提供有力的技术支撑。

农村信息服务技术集成及应用要立足农村实际，以低成本、实用性和易用性为前提，集成研发针对不同用户、不同应用模式、不同种类的软硬件系统平台及设备和装置，使信息可见、可及、可用，为信息进村入户和到达田间地头奠定物质基础，为新农村信息化建设提供实践保障。

5.2　农村信息服务技术集成及应用现状

现代通信技术、互联网技术、微电子技术、通信技术、光电技术、遥感技术、大数据技术等信息技术的应用为充分、有效地开发和利用农村信息资源提供了强有力的技术手段。而如何有效集成这些信息技术将是农业科研人员面临的挑战和任务。农村信息服务技术集成的核心是整合网站资源、数据资源、硬件资源和基础设施资源，实现信息资源的高效利用和广泛共享。

欧美等发达国家对信息资源整合的研究较早，对信息资源整合方法和技术进行了深入地研究。许多文献情报机构也在进行着信息资源整合检索的新尝试，并取得了丰硕的成果。法国政府在建立农业信息综合服务体系时重点加强了农业气象服务及病虫害灾情的预警预报。美国的农业综合信息服务发展较早，农业信息的采集、分析和发布工作主要集中于农业部，形成国家、地区、州三级农业信息网，同时构建了庞大、完整、规范的农业信息综合服务平台。如美国佛罗里达大学建立的农业实用技术信息服务系统，非常受农民欢迎，每月的访问次数高达150万次。此外，韩国、印度等亚洲国家更加重视农村信息化人才的培训与国际合作，而韩国农村振兴厅主办的信息咨询系统和视频服务系统，能够随时为农民解决实际生产中的问题，已经进入实用化阶段。

在我国，农村信息化产业的起步较晚，与欧美等发达国家的差距较大。但经过近20年的发展，当前我国无论是在信息传播的基础设施建设方面，还是在农村信息服务平台和资源整合方面都取得了长足的进步。然而，由于技术、管理等诸多原因，造成农村信息化建设缺乏统筹规划、信息资源分散、信息平台各自独立，导致农村信息资源共享困难。同时，农民对各种渠道获得信息的实用性、可理解性仍不满意，表明当前农村信息服务水平亟待提高。此外，虽然目前农村信息服务网站和平台众多，但由于管理、运行机制等原因，信息不能得到及时更新，使得农村信息服务的实用性、时效性较差。

当前，发展农业现代化就是要用现代化的科学技术、生产资料和管理方法来改造传统农业，实现农业的可持续发展。农村信息服务技术作为农业技术和信息技术相结合的交叉性技术，具有创新性、先进性、渗透性、集成性和广泛的带动性。农村信息服务技术集成及应用将会有效地促进信息技术向现实生产力转化；加快农业由粗放生产到精细农作、由被动生产经营到主动适应市场、由经验型到科学化等一系列转变；并将加快传统农业的现代化进程，全面提高农业国际竞争力，促进我国农业、农村持续高效发展。

5.3　农村信息服务技术集成及应用实例

本节将农村信息服务技术集成及应用的有关实例按照信息采集、信息存储、信息交换、信息管理、信息服务以及服务终端的环节板块进行了梳理(图 5-1),并针对主要环节选择了典型实例进行说明,以期为农村信息服务的有效开展提供参考。

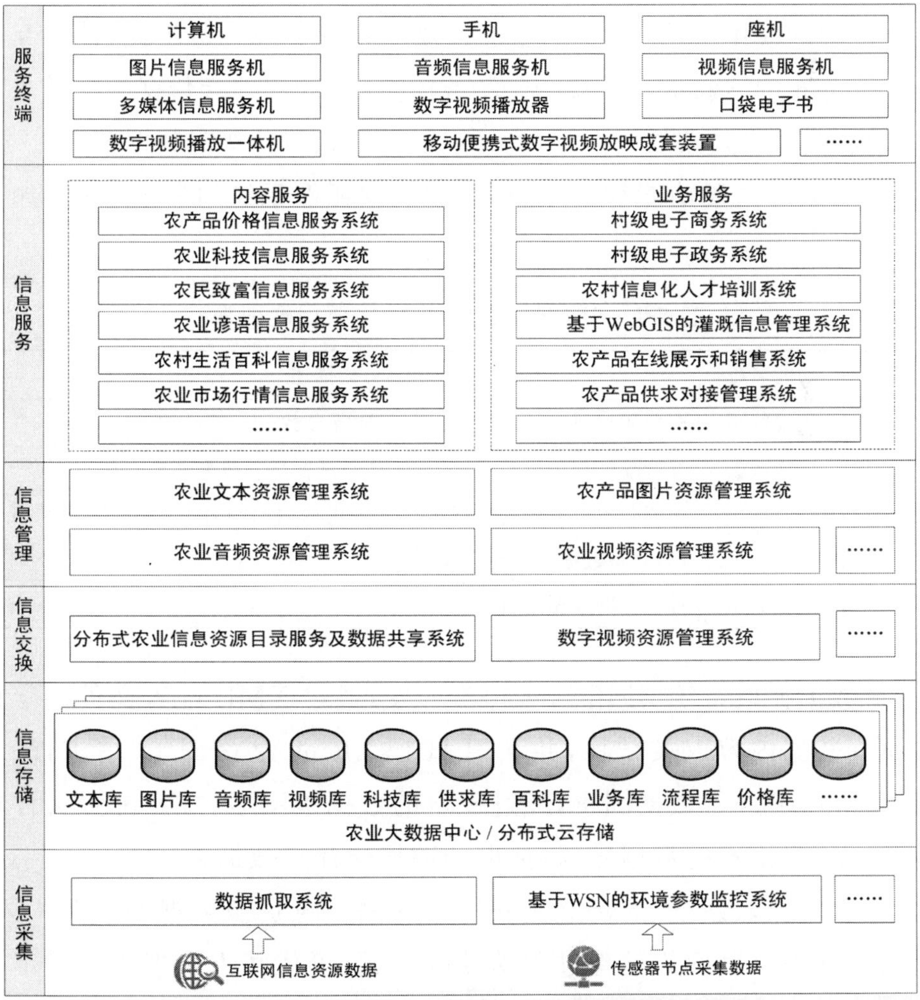

图 5-1　农村信息服务技术集成及应用实例展示图

5.3.1 信息采集实例

1. 数据抓取系统

(1)系统开发目的与定位。互联网的发展为我国农村信息服务提供了广阔的信息交流与资源共享环境,已成为获取信息的重要途径。目前,我国已经建立了众多农业、农村信息网络平台和系统,随着这些平台、系统的运行,积累了海量的涉农信息资源。如何能够充分发挥信息资源的应用价值,其前提在于有效地获取资源。鉴于此,针对互联网广泛分布的涉农信息资源,开发“数据抓取系统”进行数据的分类采集和集成整合,有效获取资源,可为开展农村信息服务奠定数据基础。

(2)系统主要功能与技术简介。“数据抓取系统”的主要功能如表5-1所示。

表 5-1 “数据抓取系统”的主要功能列表

序号	功能名称	功能描述
1	配置管理	配置数据抓取的地址、类型、周期等参数
2	抓取测试	针对配置情况进行测试,判断是否设置了有效的抓取参数
3	数据抓取	按照配置对有效的数据结构进行提取,提取后进行数据除噪和格式化,并将数据保存在数据库中
4	数据展示	对抓取的数据进行展示

“数据抓取系统”使用Java语言开发,通过XML配置文件制定抓取页面数据内容以及结构,并利用Http Client建立Http请求,采用Http Parser进行数据剖析,经过一定的数据除噪后,按照配置文件内容建立相应格式的数据库,将抓取的数据保存至数据库。

“数据抓取系统”的建立是获取互联网信息资源数据的重要手段,解决了网络信息搜集整理过程繁琐的问题,可代替人工搜索海量信息资源,实现高效、准确的互联网涉农信息资源智能检索和信息获取。

2. 基于WSN的环境参数监测系统

(1)系统开发目的与定位。随着传感器技术和网络技术的进步，应用无线传感器网络WSN(Wireless Sensor Network)技术对温度、湿度、土壤成分、光照等环境信息进行监测，可以挖掘并利用农作物生长与生态环境的关系，使得农业生产更加科学、规范、精准。因此，为农业生产过程建立"基于WSN的环境参数监测系统"，将为农业信息化产中环节提供有效的信息服务手段。

(2)系统主要功能与技术简介。"基于WSN的环境参数监测系统"的主要功能如表5-2所示。

表5-2　"基于WSN的环境参数监测系统"的主要功能列表

序号	功能名称	功能描述
1	用户管理	对系统用户的管理及权限设置
2	数据采集	接收并解析汇聚节点发来的传感器数据
3	数据监测	对采集的数据进行可视化展示
4	数据导出	自定义格式进行数据导出
5	数据分析	按照时间等维度进行数据的分析，显示数据变化曲线

"基于WSN的环境参数监测系统"由多个分布式传感器节点(监测土壤温度、土壤湿度、光照强度和土壤成分)、汇聚节点、移动通信网、互联网和监测终端等构成。每个无线传感器节点都具有数据接收、发送、处理和转发功能，并可自动生成路由。传感器节点监测的数据沿着其他传感器节点逐跳地进行传输，在传输过程中监测数据可能被多个节点处理，经过多跳路由到达汇聚节点。汇聚节点利用移动通信将数据传输到与互联网连接的远程监测终端上，最终实现环境参数的监测。

"基于WSN的环境参数监测系统"利用传感器采集数据，可用于农业生产环境的监测和分析，具有稳定可靠、通信效率高、功耗低、监测精度高等特点。系统的应用有助于实时观测动植物生长环境，及时发现环境变化，并根据变化情况开展农业生产活动，为提高现代农业水平提供有力支撑。

5.3.2 信息交换实例

1. 分布式农业信息资源目录服务及数据共享系统

（1）系统开发目的与定位。由于技术、政策、机制等多方面因素影响，涉农资源多分布存储在异构的应用系统中，难以有效地整合与共享，农业信息资源的价值远未充分发挥。因此，如何合理规划、共享以及利用分布式农业信息资源，高效发挥资源功效，为农村社会经济的发展提供有效的信息支撑，成为目前农村信息服务亟需解决的重要问题。“分布式农业信息资源目录服务及数据共享系统”为分布式存储的异构资源的集成和共享提供了一种有效的解决方案。

（2）系统主要功能与技术简介。“分布式农业信息资源目录服务及数据共享系统”的主要功能如表 5-3 所示。

表 5-3 “分布式农业信息资源目录服务及数据共享系统”的主要功能列表

序号	功能名称	功能描述
1	数据服务组合	将系统现有图片服务、WebGIS 服务、多媒体服务及文档服务等进行有机组合，形成标准访问入口
2	数据管理	主要提供数据查看、数据导出、数据导入、数据修改、数据删除等功能
3	分级目录编著	遵循 XML 格式规范，提供结构化及非结构化数据的目录编制和目录明细指标项编制功能，形成标准化目录服务访问入口
4	目录注册	提供新增目录及目录明细指标项的注册上报功能，且当目录及目录明细指标项信息更新时，系统提供自动注册功能
5	目录管理	提供对目录的查看，修改及删除功能，能够自动检测目录更新并向服务中心注册
6	目录授权	根据信息管理人员不同的职责授予相应的目录管理权限，用户可对这些目录进行维护，并将信息资源放到目录中

续表 5-3

序号	功能名称	功能描述
7	模板管理	通过更新查询模板及显示模板可在线控制信息资源的检索条件及展现方式
8	目录审核及发布	对数据进行审核功能,包括对目录之间的冲突的审核、重复注册的审核及审核后的目录发布功能
9	目录集成	将审核后的目录汇总更新到资源目录体系中
10	目录检索	提供目录、全文检索及结构化高级检索等功能,用户在此可以简单方便地检索出所需数据

“分布式农业信息资源目录服务及数据共享系统”基于分布式技术架构,融合 J2EE 框架、元数据模型和目录服务技术等,将每个分布式存储的农业信息资源都抽象为一种数据模型的实体,并利用元数据进行有效的描述和表达。该模型为开放式数据模型,可以随着资源的不同而增加或扩展,以便实现不同应用系统之间的信息共享和业务协同。系统中各个共享节点通过 Web Service 方式通信,获取分布式存储的农业信息资源的元数据信息。

“分布式农业信息资源目录服务及数据共享系统”支持分布式异构平台间的互操作性和可移植性,它以一套开放式数据模型为基础,采用标准化信息管理和信息共享,构建 1 个服务中心、N 个共享节点的服务环境,可实现农业信息系统快速联通,支持扩展新的共享节点,系统架构具有良好的可靠性、可维护性和可扩展性,通过建立一站式服务网站,采取目录管理模式,提供多层次检索服务,引用模板展示技术,为用户营造了一个简单、方便、快捷、全面、有序、友好、灵活的互动式服务环境。

2. 数字视频资源管理系统

(1)系统开发目的与定位。数字视频因其具有生动、形象、直观等特点,成为开展农村信息服务的重要资源之一;也由于数字视频往往占用较大的存储空间,尤其是高清数字视频,其高效的存储和管理也成为数字视频资源应用的关键。“数字视频资源管理系统”采用科学的分类管理方法，实现视频资源的存储、交换、管理和应用，为农村视频信息服务奠定基础。

(2)系统主要功能与技术简介。“数字视频资源管理系统”的主要功能如表 5-4 所示。

表 5-4 “数字视频资源管理系统”的主要功能列表

序号	功能名称	功能描述
1	目录管理	建立或修改视频资源多级目录
2	视频管理	包括视频属性管理和视频下载地址的管理功能
3	视频搜索	通过文件的属性信息进行简单或高级搜索，显示搜索结果
4	视频下载	根据选择下载视频至目标库或存储设备
5	视频统计	通过选择文件，汇总文件的信息(如总大小、时长等)
6	视频播放	播放视频内容
7	日志管理	记录系统的操作日志
8	用户管理	管理用户信息及权限

“数字视频资源管理系统”将视频资源信息以分级树状目录的形式存入资源库，然后根据用户的需要对资源库进行检索，将检索出来的文件进行统计、筛选，并复制进入目标库，进一步在目标库中进行整理和筛选，最后将确定的文件传输到外存储设备中供用户使用。

“数字视频资源管理系统”实现了视频格式信息资源的有效存储，为视频资源信息交换提供了解决方案，可以突破物理局限性，改变视频资源广、散、杂的局面，使得优秀农业视频资源得到充分地应用和分享。

5.3.3 信息管理实例

1. 农业图片资源管理系统

(1)系统开发目的与定位。图片是农村信息服务的重要资源之一。图片可以直观形象地反映农业、农村、农民的生产、生态、生活等方面相关的情形与状态，对于开展图片信息服务发挥着重要作用。利用数学模型并结合图像处理技术分析图片底层特征和上层结构，可以提取有用的数字信息，为辅助分析决策等服务。“农业图片资源管理系统”的目标是实现海量图片资源的有效管理，为图片信息资源的有效便捷应用奠定基础。

(2)系统主要功能与技术简介。“农业图片资源管理系统”的主要功能如表 5-5 所示。

表 5-5　“农业图片资源管理系统”的主要功能列表

序号	功能名称	功能描述
1	用户注册	注册用户名、密码等个人信息用于访问系统
2	用户登录	用户登录后可以根据权限进行相关操作
3	用户管理	查看用户信息、封禁用户、赋予权限、修改密码等
4	图片管理	进入图片管理，可以查看、添加和删除图片
5	图片检索	可以根据关键词检索图片资源
6	数据统计	对用户的访问量等信息进行统计

“农业图片资源管理系统”采用 Java 语言，基于 MVC 模式，采用 SSH 框架进行开发，具有可移植性和跨平台性。

“农业图片资源管理系统”是一套比较实用的基于互联网来实现图片资源管理的系统，包括图片数据上传、下载、登记管理、访问量统计等功能，方便对积累的图片资源采用现代化的电子数据管理模式来进行管理。

2. 农业音频资源管理系统

(1)系统开发目的与定位。音频是涉农信息的一种展现形式，主要包括语言、广播、网络音频等。通过语音的方式传播涉农相关的科技知识，可以扩展传播方式，增加接受人群。“农业音频资源管理系统"旨在实现涉农音频格式信息资源的管理,使得音频资源能够易于检索、播放和使用。

(2)系统主要功能与技术简介。"农业音频资源管理系统"的主要功能如表 5-6 所示。

表 5-6 "农业音频资源管理系统"的主要功能列表

序号	功能名称	功能描述
1	用户注册	注册用户名、密码等个人信息用于访问系统
2	用户登录	用户登录后可以根据权限进行相关操作
3	用户管理	查看用户信息、封禁用户、赋予权限、修改密码等
4	音频管理	上传、编辑、修改、删除音频文件
5	音频排行榜	对用户点击量集中整合、统计和排行,方便用户查找当前热点资源
6	音频搜索	通过输入关键字搜索相关的音频文件
7	聆听/下载	可以直接在线聆听音频资源,或将文件下载到客户端收藏保存
8	数据统计	对用户的访问量等信息进行统计

"农业音频资源管理系统"采用 ASP. NET 实现 Web 服务器与数据库的连接,后台数据库为 SQL Server,使用 C# 开发语言。

"三农音频资源管理系统"可以收集、整理、分类和发布音频资源,提高三农音频资源利用率,为农村信息服务奠定音频资源基础。

5.3.4 信息服务实例

1. 内容服务:农产品价格信息服务系统

(1)系统开发目的与定位。农产品价格不仅影响农业生产的发展、农产品的流通和农民的收入水平,而且影响国家同农民之间、城乡之间以及农民内部的物质利益关系,对整个社会经济生活的安定也关系重大。因此,提供农产品价格的信息服务是农村信息服务的重要内容。"农产品价格信息服务系统"采集不同农贸批发市场、不同时间、不同农产品的价格信息，并通过趋势分析和价格对比，为农产品交易提供内容服务。

(2)系统主要功能与技术简介。“农产品价格信息服务系统”的主要功能如表5-7所示。

表 5-7　“农产品价格信息服务系统”的主要功能列表

序号	功能名称	功能描述
1	查看农产品日价	根据某个日期查看某一农产品市场的价格信息，信息包括农产品名称、大宗价、最低价、最高价
2	查看农产品价格走势	根据用户提交的地区、农产品市场和时间段查看农产品价格走势信息
3	查看农产品区域日价	根据地区、农产品名称、日期三个条件查看该农产品在某一省级地区的某日价格信息
4	农产品价格对比	对比两个不同农产品市场的价格信息
5	各地市场统计数据	统计各地农贸市场数据
6	查看系统信息	统计系统中记录的系统信息

“农产品价格信息服务系统”中存储海量的价格信息，为了在查询和建立数据索引时提高效率，采用农产品价格总表自动分表的存储方式，并将用户常用功能数据插入分布式缓存层。系统开发使用 Java 语言，数据库使用 SQL Server。

“农产品价格信息服务系统”可以实现对全国各省、直辖市、自治区大型农贸批发市场的蔬菜、水果、水产品、粮油、畜产品等类别农产品每日价格信息的自动化采集、统计、分析及比价服务等，并通过价格走势曲线图等进行可视化展示，为农产品交易主体及政府主管部门提供决策支持。

2. 业务服务：村级电子商务系统

(1)系统开发目的与定位。较城市而言，我国农村地区在信息、网络、物流等方面仍存在差距，农民的文化水平相对较低，农产品的交易方式多样，并且缺乏较为完备的信用安全约束机制。在这种条件下，要开展村级电子商务应用的推广和普及，直接照搬城市现行的电子商务模式是行不通的，必须结合农村的实际情况和需求，设计适合农民使用的、有农村特色的通用电子商务系统。

(2)系统主要功能与技术简介。“村级电子商务系统”的主要功能如表 5-8 所示。

表 5-8 “村级电子商务系统”的主要功能列表

序号	功能名称	功能描述
1	广告宣传	每村都可以根据需要，宣传本村的特点和特色农产品
2	组建虚拟组织	经济活动的数字化和网络化，使经济活动在虚拟空间完成。比如：虚拟市场、虚拟商店等
3	供求信息发布	发布农产品信息，信息经管理员审核通过后可显示在前台页面
4	售前、售后服务	在交易发生前，供求双方可以通过互联网发布或了解农产品信息；交易发生后，双方可及时反馈意见，有利于促进农产品交易
5	信息审核	审核供求信息、交易信息、订单信息等
6	咨询洽谈	交易双方可以通过网络或其他通信手段对农产品信息咨询和洽谈
7	网上订购	买方可以利用互联网提交订单，完成网上订购。用户填完订单后，通常会回复确认信息来保证订购信息的有效性
8	资源共享	村与村的系统之间可以实现文本文件、工具、数据、信息等的共享
9	交易管理	整个网上交易的管理涉及到人、财、物、信息等多个方面的协调。管理好交易的重要环节是确保交易信息有效的基础

“村级电子商务系统”应用构件技术，采用 MVC 设计模式，通过自主研发的构件和应用现有构件相结合的方法，建立构件库，将功能模块封装成构件，并使构件能够通过配置文件的形式动态加载，使得系统结构能够动态改变，实现了系统的通用性。

“村级电子商务系统”达到了构件可复用性要求，不仅支持电子商务的业务功能，而且可以通过简单的配置实现在不同村镇的复用，为开展农村电子商务服务提供了有效的技术手段。

5.3.5 服务终端实例

1. 以手机为代表的移动终端

(1)系统开发目的与定位。移动通信技术和嵌入式技术的发展为手机、平板电脑、图片信息服务机、音频信息服务机、视频信息服务机、多媒体信息服务机、农民口袋电子书等移动终端提供了广阔的发展空间。移动终端正在从简单的通话工具向综合信息处理平台转变。随着农村改革的不断深入和农村经济社会的不断发展,以手机为代表的移动终端将成为农民获取信息的重要途径。因此,针对农村信息服务开展移动终端设备研制以及面向移动终端的系统和移动应用研发,是拓展农村信息服务渠道的关键。

(2)系统主要功能与技术简介。以手机为代表的移动终端的主要功能如表 5-9 所示。

表 5-9　以手机为代表的移动终端的主要功能列表

序号	功能名称	功能描述
1	短信服务	面向手机等移动终端以短信形式提供信息服务,包括收发短信、群发短信、自动回复等功能
2	彩信服务	通过相关彩信进行信息服务,彩信的内容可包括图片、声音、小视频等,包括收发彩信、群发彩信等功能
3	手机报服务	面向移动终端提供手机报服务,通过手机报可以获得系列信息资源,包括手机报编辑、发布、管理等功能
4	图片信息服务	提供图片的浏览、下载、评论、转载等功能
5	音频信息服务	提供音频的播放、下载、评论、转载等功能
6	视频信息服务	提供视频的播放、下载、评论、转载等功能
7	多媒体信息服务	提供多媒体信息的浏览、下载、评论、转载等功能
8	电子书服务	提供电子书阅读、下载等功能
9	移动应用服务	通过各种移动应用软件,如微信、微博等以及专业移动 APP 提供农村信息服务

依托以手机为代表的移动终端开展农村信息服务主要包括三个方面：一是以专业化移动终端研发为主，面向特殊的应用开发专用的移动终端设备，如：猪背膘厚度检测仪等；二是研发为移动终端提供内容服务的应用系统，如短信服务系统、手机报编辑发布系统等；三是存储在移动终端中的APP研发，如营养健康信息服务APP等。

面向移动终端开展农村信息服务可以提供形式多样、内容丰富的农业信息与服务，满足农业、农村、农民的实际生产需要。考虑服务终端的层次性和多样性需求，以低成本、实用性和易用性为前提，以新农村信息化理论为指导，采用系列关键技术，研发面向不同用户、不同应用模式、不同种类的软硬件系统平台及设备和装置，可以为信息的进村入户和把信息送到田间地头奠定不可或缺的物质基础，为新农村信息化建设提供实践保障，为开展农村信息服务提供科学、先进、高效、低成本的现代化管理和服务工具，有力支撑新农村信息化建设。

2. 移动便携式数字视频放映成套装置

(1)系统开发目的与定位。作为农村信息服务的核心内容之一，农业科技推广培训是实现农业增产和农民增收的基础性工作和必要手段。新形势下农业和农村经济的发展对农业科技教育培训提出了新的要求，面临着更高的挑战。鉴于此，面向农业科技教育培训的形势和需求，以低成本、实用性和易用性为前提，提出一体式农业科技教育培训解决方案，通过一体化信息服务设备——“移动便携式数字视频放映成套装置”来解决传统农业科技教育培训中渠道不畅、师资不足、内容不活的问题。

(2)系统主要功能与技术简介。“移动便携式数字视频放映成套装置”的主要功能参数如表5-10所示。

表 5-10　移动便携式数字视频放映成套装置的主要参数列表

序号	参数	描述
1	存储容量	支持 TB 级
2	视频来源	集成 DVD 和硬盘，提供多种扩展接口
3	视频效果	支持高清、高亮
4	价格	全套售价不到 2 万元，无需辅助设施，性价比高
5	便携性	一体化，可移动，随时随地可播放
6	易用性	菜单式资源管理＋输入式资源搜索
7	培训资源	存储有专门针对农村科技推广制作的高清视频资源
8	培训效果	视频培训，生动，易接受
9	科技推广效果	偏远落后地区也可推广
10	服务效果	专业团队，三农题材高清视频资源持续更新

“移动便携式数字视频放映成套装置”集成了大容量硬盘、投影仪、DVD 播放机、音响、机箱、幕布、户外电源等多类设备，集成了多类接口，整合了高亮投影和高清播放，实现了对视频资源格式类型的全面兼容，以及现有数字视频播放相关设备的高度集成和支持，攻克了设备兼容、信号稳定、器件干扰、散热，降噪以及数据存取效率等问题；采用遥控器和外置键盘对设备中的海量资源进行精准化智能搜索，通过相关嵌入式快速搜索算法的优化设计使得检索具有较高的速度和精度。

针对农村用户，集合高清硬盘播放、DVD 播放和高清投影功能于一体的“移动便携式数字视频放映成套装置”，既可以满足农业科技推广、农业培训的应用需求，也可以满足用户对高清视频播放的体验需求，在全面推动我国农业科技进步、提高农业产业化水平、提高农民综合素质、增加农民收入等方面起到了重要的作用。此外，由于各行各业对信息传播便携化、高效化、快速化需求的不断增长，该装置也可被推广至其他行业，如医疗、教育等。

附录：部分农村信息服务媒体

附录1：部分农村信息服务报纸

序号	报纸名称	出版单位	简要说明
1	农民日报	农民日报社	我国历史上第一张面向全国农村发行的报纸，农民日报是一份中央级、综合性大报
2	新农村商报	中华人民共和国商务部	为贯彻落实2007年中央一号文件的指示精神，在中央建设社会主义新农村的战略部署下，商务部创办的在流通领域内服务"三农"的中央级大报
3	中国农村信用合作报	农民日报社	经中华人民共和国新闻出版总署批准，由中华人民共和国农业部主管、银监会指导、农民日报社主办，宣传报道中国农村金融系统发展的中央级媒体
4	农村金融时报	经济日报报业集团	以农村金融领域新闻报道为主，及时、准确、全面报道金融监管部门有关农村金融的各项政策，传播我国农村金融领域以及涉及"三农"的新政策、新现象、新经验、新成果
5	中国农机化导报	北京市发报刊局	以宣传农机化全行业发展为主要内容，服务于农机管理部门、农机制造企业、农机中介组织和合作经济组织
6	农村信息报	农村信息报报社	以服务"三农"为宗旨，坚持面向农业、农村和农民，宣传党的方针政策，推广适用先进科技，传递市场经济信息，弘扬农村精神文明，丰富农村文化生活
7	农村大众报	中共山东省委	大众日报的农村版，是山东省委、省政府指导全省农村工作的党报，1950年创刊，坚持服务农业、服务农民的宗旨，传播农民致富的科学知识和实用技术，倡导现代新的生活方式
8	农资导报	中国化工报社	内容涵盖肥料、农药、种子、农用薄膜等主要农资的生产、流通、科研和农技服务信息的专业报纸，从2004年创刊至今在农资领域的影响力和覆盖面逐年扩大

续表

序号	报纸名称	出版单位	简要说明
9	农村医药报	农村医药报社	是医务工作者,尤其是县及县以下的基层医务工作者提高业务水平的良师益友,是了解医药政策法规、医药科学动态的窗口
10	三农周刊	山东省邮政公司	主要传达贯彻中央三农精神,宣传国家关于三农的优惠政策;国内外关于三农发展的权威信息;由权威农业技术专家指导,提供种植养殖技术、农资信息等农业知识
11	南方农村报	南方报业传媒集团	以“新农村推动力”为办报理念,坚持“为农民说话,为农民服务”,是华南地区农民值得信赖的维权朋友和致富帮手,在华南农村地区具有不可替代的影响力
12	吉林农村报	吉林日报报业集团	《吉林日报》农村版,由吉林日报报业集团主办,面向广大县、乡、村干部,服务农村种植、养殖大户,农村经纪人、科技能人及广大农民朋友,是动态报道新农村建设发展的平面媒体
13	河北农民报	河北日报报业集团	向广大读者传递政策信息、技术信息、致富信息,普及文化和生活知识,深受河北及鲁豫津周边省市农民的喜爱
14	江苏农业科技报	江苏省农业科学院	围绕江苏省不同时期的农业和农村经济发展的重点,坚持以服务于省委省政府的农业发展战略、服务广大读者为宗旨,形成了自身鲜明的特色
15	农村报	黑龙江日报社	从黑龙江省情实际出发,确立服务“三农”的精准定位。秉持让农民“订得起、看得上、读得懂、信得过、用得着”的办报理念,受到社会各界的广泛赞誉
16	陕西农村报	陕西日报传媒集团	《陕西日报》农村版,是中共陕西省委专门为农村广大读者创办的一份农村党报,以参与者的身份,见证并记录农村城市化、农业工业化进程中的点滴变化
17	河南日报农村版	河南日报报业集团	中共河南省委机关报,自 2005 年 1 月 1 日正式出版发行,是面向农村基层发行的综合性党报,是《河南日报》的重要组成部分
18	农村新报	湖北日报报业集团	《湖北日报》农村版,以事事处处为农民说话,实实在在为农民服务为宗旨,是湖北省面向农村的综合性报纸

续表

序号	报纸名称	出版单位	简要说明
19	山西农民报	山西日报报业集团及山西日报传媒集团	以全心全意为百姓和涉农部门服务为宗旨，以通俗的文字和老百姓喜闻乐见的形式，向广大读者传递丰富的信息，得到了广大读者的好评，在全国同行业享有较高的声誉
20	安徽日报农村版	安徽日报社	向读者提供各类政策信息、市场信息、技术信息以及法制、生活类信息，及时、全面地为农村读者提供影响其生活状态的新闻和资讯

附录 2：部分农村信息服务广播

序号	频道	栏目	简要说明
1	中央人民广播电台中国乡村之声	《乡村大讲堂》《致富早班车》《乐在乡村》《三农中国》《乡上乡情》《乡村书场》《三人话三农》《农博士在线》等	全国性的公益性、对象性对农广播频率，是我国农村公共服务体系和应急广播体系的重要组成部分，通过中波、农村大喇叭、互联网、移动终端客户端以及直播卫星等多种渠道覆盖，全天 24 小时播出
2	内蒙古人民广播电台绿野之声	《绿野晨风》《绿野天天新》《绿叶金桥》《绿野快乐场》《塞外田野》《绿野戏院》《绿野星空》等	省级专业对农村牧区广播电台，同时也是内蒙古人民广播电台第七套专业广播频率，以“关注农牧业、服务农牧民”为宗旨，以“为农牧民说话、让农牧民说话、说农牧民的话”为特色
3	甘肃人民广播电台农村广播乡村之音	《农家提示》《致富指南》《民生关注》《芗芗乐子会》《12316“三农”热线》《曲苑荟萃》《乡村大喇叭》《经典书场》等	甘肃广播电影电视总台下属的第六套广播节目。以服务“三农”、宣传“三农”为宗旨，以新闻、科技、娱乐类节目为重点，力求把“乡村之音”办成“为农民说话、让农民说话、说农民的话”的农民自己的广播
4	湖南人民广播电台乡村之声	《致富金桥》《老乡客栈》《新评媒》《潇湘夜话》《田野牧歌》《新鲜事》等	湖南省对农频道，主要面向省各中心乡镇、广大农村，以“关注三农、服务三农、宣传三农”为节目宗旨，以权威性发布农业信息，专业化服务“三农”为主体，提供政策宣传与解读、农产品供求资讯、农业科技服务等
5	山西广播电视台农村广播	《农家生活》《我的乡村情结》《乡情乡韵》《田野欢歌》《清晨听戏》《市场直通车》《603 帮助热线》《农科随身听》等	山西省对农广播频率，以宣传农业方针、引导农村生活、服务农民朋友为办台宗旨，以为农民提供科技知识、农产品信息、经济资讯、法律咨询、科技培训、政策解释等全方位服务为节目重点

续表

序号	频道	栏目	简要说明
6	安徽广播电视台农村广播	《农民服务台》《致富金路》《1008新闻广场》《农家养殖场》《农家生活》《乡音传情》《田园故事会》《乡村书场》等	安徽省面向“农业、农村、农民”的电台,是为安徽5000多万农业人口开办的广播,覆盖全省70%以上的地区和人口,力求以“关注百姓生活,宣传服务三农”为办台宗旨,节目设置突出对象性、服务性、实用性和娱乐性
7	山东广播第六频道乡村频道	《现代乡村》《健康快乐多》《故事冲击播》《致富指南》《戏迷大擂台》《财富加油站》《名家评书》《百姓与法》等	山东人民广播电台推出的以故事、农业、资讯为主的第六套专业频道,面向农村,连接城乡,为广大城乡听众提供评书、小说、小品等丰富多彩的故事节目,为广大农村听众提供形式多样的农业资讯服务
8	河北农民广播	《“农博士”百科全说》《直播“三农”》《供求双通道》《律师说法》《梨园风》《非笑不可》等	河北人民广播电台8个专业广播媒体之一,秉持“为农、帮农、富农”的经营理念,以“面向三农、服务三农”为已任,为城乡听众提供政策解读、市场信息、实用科技、法律服务以及文化娱乐节目
9	吉林人民广播电台乡村广播	《12316新农村热线》《976城乡资讯联播》《“丫”蛋炒“范”》《12582移动信息村》《好戏开唱》《慧养生,会健康》等	吉林省省级农村专业卫星广播,以关注农业、聚焦农村、服务农民为办台宗旨,栏目设置以新闻、信息为核心,以农业气象、科技推广、城乡市场为架构,以娱乐节目、服务节目为纽带,突出专业性、公益性、服务性、娱乐性
10	陕西人民广播电台农村广播	《乡音,乡情,乡事》《三农大视野》《村头大喇叭》《农科新干线》《致富大赢家》《今夜心语》《小康直播室》等	陕西人民广播电台第七套节目,宣传党的农村政策,倡导健康文明生活方式,提升农民思想道德和科学文化素质,为农民致富奔小康服务提供全方位服务。节目设置以农业新闻、致富信息、市场资讯、科技服务、法律服务节目为重点
11	辽宁广播电视台乡村广播	《乡村早晨》《农科课堂》《乡村书场》《致富大篷车》《乡村药匣子》《乡村面对面》《927新闻村村通》《乡村气象站》等	东北省级专业农村广播电台,栏目设置突出服务性、对象性、专业性、时效性和实用性,兼顾娱乐性,以新闻气象、农事等动态新闻资讯为框架,以农业信息、政策解读、科技致富、法律服务为主体
12	天津人民广播电台农村广播	《农家书场》《城乡大流通》《科技大篷车》《戏曲60分》《乡村大舞台》《健康快乐多》《玩转农家乐》《情满星空》等	前身是天津区县联盟广播,是由天津电台联合11家区县电台共同打造的综合对农广播,关注三农、服务百姓,成为城市了解农村的窗口,农村走向城市的桥梁

附录 3:部分农村信息服务电视节目

序号	电视台	栏目	简要说明
1	CCTV7 军事农业	《乡土》	农业纪录片类节目,栏目所呈现的是“乡而不俗,土而不粗”的气质样貌,用诗意生动的画面和平实质朴却带有哲理的语言呈现给观众一道文化大餐
2	CCTV7 军事农业	《科技苑》	专门传递农业科技信息、农业科学技术和普及农业科学知识的栏目。内容涵括种植业、养殖业、农副产品加工业、食品、饲料工业、农药植保、化肥、林业、水利、绿色环保等方面
3	CCTV7 军事农业	《聚焦三农》	新闻类深度报道节目,是在中国中央高度关注“三农”问题、中国全社会热切关心“三农”的背景下成立的,节目分三农快报、深度报道等版块
4	CCTV7 军事农业	《农广天地》	中央农业广播电视学校开办的农民科技教育与培训节目专栏,目的是向广大农村传播农业科技知识,推广农业实用技术,提高农民朋友的科技素质和生产技能
5	CCTV7 军事农业	《乡村大世界》	大型综艺节目,常规节目设置大现场万人演出、小现场互动联欢和系列专题小片、领导讲话等几个版块,全面、系统、深入地展现地方的政治、经济、文化
6	CCTV7 军事农业	《每日农经》	中央农业广播电视学校开办的一档涉农经济生活服务类电视节目,以农产品为报道主角,关注农产品的安全生产和百姓健康消费,关注农产品带来的绿色经济,探寻农产品在市场上的成功奥秘
7	CCTV7 军事农业	《致富经》	栏目内容定位是以百姓视角解读他们身边的致富明星,报道涉农经济发展过程中涌现出的致富经验和创新做法,给观众以启迪智慧、更新观念的具有时代感的真实案例
8	CCTV7 军事农业	《生活 567》	涉农生活服务类栏目,记录农村生活状态、关注农民情感世界、为弱势群体提供切实帮助是栏目创作的基本定位

续表

序号	电视台	栏目	简要说明
9	河北农民频道	《三农最前线》	河北电视台农民频道着力打造的资讯类栏目,以农民为服务对象,解读三农政策、关注三农热点问题,为政府、市场、农民之间的交流和沟通构架桥梁
10	河北农民频道	《致富情报站》	农业经济信息服务类栏目,以报道农业新技术、新模式、新品种、新项目,传递市场信息、分析市场变化为主要内容,引导广大农民群众依靠科技、市场走上致富路
11	河北农民频道	《非常帮助》	调解类民生节目,定位于“化解矛盾,促进和谐”,以“帮大哥”在民间调解为切入,关注普通人的婚姻家庭、情感困惑、生活纠纷、寻亲诉求等
12	河北农民频道	《村里这点事》	农村题材栏目剧,讲述一个个或感人至深或发人深省或令人捧腹的“身边事儿”,得到广大观众认可,赢得良好社会效益
13	河北农民频道	《农科大讲堂》	直接为“三农”服务的公益性农业科普电视栏目,以传播实用科普知识,介绍种植、养殖等实用技术,播报农业政策法规,讲述最新农业科技成果为主要内容
14	河北农民频道	《农博士在行动》	农业科普服务类栏目,栏目记者每天带领各个领域的农业专家,深入到田间地头,针对不同时节,不同作物,应时应季地给乡亲们讲解最实用、最先进的农业生产技术
15	吉林电视台乡村频道	《乡村四季》	社教科普类节目,节目以民生为主线,用不同的形式述说农村的新闻、趣事,农业的产业、经济、农民的高兴事、烦心事,最大的体现农民的民生诉求
16	吉林电视台乡村频道	《农村俱乐部》	以现代流行节目元素和东北二人转相结合的大型综艺节目,用乡音乡情快乐乡亲,用精彩的节目丰富农民朋友的文化生活,为广大城乡带去欢声笑语,为新农村建设增添一份靓丽
17	河南电视台新农村频道	《村长开汇》	融合了新闻、情景短剧以及百姓才艺展示的节目,用电视活报剧形式呈现当下新近发生的重大新闻事件,以村长开会的口吻融合视频、图片、漫画等形式展示着每天都在发生的重大新闻
18	河南电视台新农村频道	《致富招招鲜》	专题类节目,以介绍致富经验、讲述创富故事为宗旨,采取轻松活泼、幽默夸张的表述手法,节目内容严谨真实、栏目形态搞笑轻松,实现实用性与趣味性的有机结合

续表

序号	电视台	栏目	简要说明
19	河南电视台新农村频道	《新农村服务社》	栏目立足乡村、贴近民生、服务百姓，为城乡搭建互动平台，为老百姓提供维权帮扶，积极主动地为老百姓办实事、办好事
20	浙江公共新农村频道	《噶是噶非》	带有浓郁本土色彩的综艺娱乐栏目，以室内栏目剧的形式展开，并荟萃小品、曲艺、歌舞等其他舞台表现形式，强调喜剧亲民、欢乐互动
21	浙江公共新农村频道	《翠花牵线》	针对农村土特产进行的群众互动的栏目，包括"翠花来了"、"翠花送礼"、"翠花美食铺"等内容板块
22	陕西农林卫视	《天天农高会》	农林科技推广栏目，汇集农业的新技术、新项目、新市场，放心农资和市场营销等综合资讯，联系专家、农户和企业，沟通技术、生产和市场
23	陕西农林卫视	《科技大篷车》	农林科技卫视精心打造的农业科技专题类节目。该栏目以"传播先进科技，推广实用技术"为宗旨。根据农业生产区域和季节，选择关键的农业生产技术进行专题剖析
24	陕西农林卫视	《致富故事会》	涉及农民生产生活、创业致富、社会发展、文化娱乐等许多方面。节目立足"好看"、"实用"，兼顾服务性与趣味性，力求贴近农民与农村社会生活
25	山东电视台农科频道	《热线村村通》	新闻性、服务性民生栏目，节目宗旨为"帮农民说话，为城乡服务、汇天下精华"，是农科频道倾力打造的重点新闻节目
26	山东电视台农科频道	《乡村季风》	是在山东省农村产业结构调整、促进农民致富奔小康的大背景下产生的，以"关注农村经济发展，科技兴农搭桥牵线，小康路上人物新传，引导农民更新观念"为栏目定位

附录4：部分农村信息服务网站

序号	国别	网站名	网址	简要说明
1	中国	中国农业信息网	http://www.agri.cn/	中华人民共和国农业部信息中心承办。主要为农户、涉农企业和广大社会用户，提供分行业(分品种)、分区域的与其生产经营活动以及生活密切相关的各类资讯信息及业务服务，是中国国家农业综合门户网站的重要组成部分
2	中国	全国农业科技成果转化交易服务平台	http://www.nzhw.org/	平台建设目标定位是一个旨在为农业科技成果转化交易各方，免费提供政策支持、成果供需发布、专家咨询、价值评估、交易服务、科技投融资、产学研合作等全方位服务的公益性平台
3	中国	中国农业新闻网	http://www.farmer.com.cn/	经国务院新闻办公室批准刊载新闻的综合性网站，是中央级综合性大报——农民日报建设的大型网上信息发布平台，是农业部权威涉农信息发布的重要窗口，是国家权威“三农”主流网络媒体
4	中国	农博网	http://www.aweb.com.cn/	农业门户网站，以“服务农业、E化农业”为己任，为广大用户提供农业资讯服务。成功打造了农业资讯、报价中心、数据中心三大特色平台
5	中国	金农网	http://www.jinnong.cn/	农业门户网站，是集农业信息、电子商务、网络广告宣传于一体的专业化、国际化农业综合平台
6	中国	中国农业机械化信息网	http://www.amic.agri.gov.cn	农业部农业机械化管理司主办，中国农业机械化信息网信息中心承办的农业机械信息网站平台
7	中国	新农网	http://www.xinnong.com	集涉农资讯整合、涉农投资咨询，涉农商务策划，涉农交易服务以及涉农用户互动于一体的农村互联网信息服务综合提供平台

续表

序号	国别	网站名	网址	简要说明
8	中国	农机通	http://www.nongjitong.com	在中央财政支持下，农业部从"农业农村资源等监测统计专项经费"中安排资金，专项用于全国农机化生产管理信息服务平台
9	中国	农机360网	http://www.nongji360.com/	中国现代化农业装备行业领先的网络综合服务门户，服务于行业全球五百强企业、国内大型企业等众多合作伙伴
10	美国	美国农业部	http://www.usda.gov/	由29个机构和办事处组成，近100000员工在全国超过4500个地点为美国人民服务。提供在食品、农业、自然资源、农村发展、营养、基于公共政策和相关问题等方面最有效的科学、有效的管理
11	美国	联邦政府农业部统计局	http://www.nass.usda.gov	致力于提供及时、准确、有用的统计服务美国农业，每年进行数以百计的调查和准备报告，几乎覆盖美国农业的方方面面。提供客观、公正的统计预报，是公平、公正的市场参与者
12	美国	国家适用技术研究中心	http://www.ncat.org/	成立于1976年，是一个国家非营利组织，帮助人们减少贫困和提供可持续的解决方案，促进健康的社区，保护自然资源。每一天，帮助个人找到解决方案，将确保子孙后代继承世界更清洁的空气和水，高效和可再生能源生产，健康食品发展与可持续发展的技术
13	美国	美国州数据资料网	http://www.netstate.com/	提供各个州农业相关的基础数据
14	加拿大	现代农民网	http://modernfarmer.com/	讲述了现代农民生活，为农民服务的网站
15	加拿大	加拿大努勒维特农业新闻网	http://agriculture.einnews.com/	提供农业信息的网络平台
16	加拿大	农业和渔业产业，旅游和投资	http://www.iti.gov.nt.ca/sectors/agr iculture-fisheries	农业和渔业在国内和出口市场中生产的产品和服务为西北地区居民创造收入和就业机会

续表

序号	国别	网站名	网址	简要说明
17	欧盟	全球农业研究论坛	http://aims.fao.org/	一个研究农业发展和存在问题的平台
18	欧盟	农业顾问的欧洲联盟	http://www.efac.net/	一个独立的网络专业农业咨询公司组织。成立于1997年，农业顾问协助各类企业在农村领域提供综合服务，包括税收、金融、法律、经济、估值、技术和教育的建议
19	英国	英国农业	http://www.ukagriculture.com/	以慈善事业为主，建立了农村生活：推进农业、农村和农村经济社会各方面的教育；促进公众对农业在农村中的作用的认识；保护和保护农村作为一个整体的利益
20	法国	法国农业国际研究中心	http://www.cirad.fr/en	法国南部的农业研究组织，其研究工作通常是进行合作。法国农业研究与国际合作组织为热带和地中海地区的可持续发展工作。在法国的大都市，它提供了国家和全球科学界广泛研究和训练设施
21	日本	农业信息管理网	http://www.hitachi-solutions.co.jp/	提供各种农业信息的农业信息管理平台
22	日本	青果网	http://seica.info/	拥有大部分水果、蔬菜等农产品的信息搜索平台，公众可进行查询
23	日本	全国农业联合会	http://www.zennoh.or.jp/	联合会的组织通过完善，都、道、府、县的JA联合会和JA全国的合并联合，现在在全国35个都府县拥有本部
24	日本	日本政策金融公库	http://www.jfc.go.jp	农林水产事业，农林渔业和食品产业皆融资为首的各种各样的支援事业，通过国内农林水产业的体质强化和安全优质食品的稳定供应贡献着
25	韩国	农林水产信息中心	http://www.affis.or.kr/	成立于2012年5月，以提升农业渔业部门的竞争力，成为创新管理和传播价值的农业，旨在促进农村社区福利，他们最重要的使命是“政府视野的希望和幸福的新时代”
26	韩国	国家农产品质量管理服务	http://www.naqs.go.kr	专业从事农业食品质量管理机构，为消费者提供安全良好的农业食品

附录 5:部分农村信息服务移动应用

序号	应用名称	简要说明
1	中国农业	集农业企业,农产品,农业供求,农业资讯,农业种植技术等为一体,涵盖行业包括蔬菜,水果,药材,大田作物,粮油,农药肥料等
2	中国农业技术	根据市场需求,为广大的浏览者提供农业技术行业的最新的新闻动态、产品展示、供求商机、展会中心、招标采购等消息的综合性客户端网站
3	智慧农业-合作社	安徽农委及中科院新农村信息研究中心共同打造的一款专为合作社服务的应用,包含合作社快讯、合作社生意圈、合作社农特产、示范合作社推荐及合作社内短信群发的功能
4	在线农业	专业提供农业产品的移动应用,包含农业、林业、畜牧业、渔业相关产品以及蔬菜、鲜肉、粮食、食用油、水果等热销农产品
5	农村信息化管理系统	专门为解决“三农”问题而开发的一款及村委会管理、村民管理、村务管理、党务民政、合作组织以及财务管理于一体的综合管理软件
6	农村社会养老保险管理系统	专门为规范新型农村社会养老保险信息化建设,提升新型农村社会养老保险工作质量和服务水平而开发的软件
7	三农宝	在响应中央一号文件基础上推出的一个提供农业新闻,农资供需,农技知识,发布政府通告,惠农服务等的免费服务平台
8	智慧农村	以银联在移动支付服务方面的优势,建立的一套面向广大农村用户的服务系统,使用户可以随时通过智慧农村手机客户端了解信息、进行金融操作、缴纳各种生产、生活费用
9	农信通	致力于为农村用户提供生产、生活一站式服务,涵盖头条新闻、购销对接、价格行情、轻松一刻、儿童教育、健康养生等各类信息和服务
10	农村市集	致力于解决农产品“卖出难”的问题,让农民在农村市集平台开设自己的店铺,实现增收致富,让城市人食用到原生态的绿色食品,尽享健康生活;同时为城市人提供乡村旅游指南,提高服务质量;另外农村市集还提供医疗、农资信息的及时传递及车票预定,水电费和电话费缴纳等便民服务

续表

序号	应用名称	简要说明
11	农业致富信息速查	通过手机快速查询近50万最新农业致富信息。内容包括：养牛，养羊，养猪，家禽，特养，水产，饲料，兽药，门诊，行情，项目，视频，蔬菜，果树，花卉，保鲜等农业最新致富信息
12	农业市场	客户开发的移动客户端，主要基本功能包括农业特性、推荐土特产、农业行情、供求信息、企业推荐、新品推荐、实用技术、名优产品等
13	农管家	拥有农技视频库，涵盖南北方多种农作物，以及农药、种子和施肥技术指导，用户可直接在线学习，在线专家解决农业种植难题，组建自己的交流圈子，了解国内最新农业资讯
14	农医生	手机农业专家问答软件，专注于远程诊断病虫草害，营养失调，从种子到收获，提供全程解决方案，帮助种植者获得丰收。用户可以通过农医生，免费向各个层次的农业专家、网友提问
15	农技宝	中国电信移动通信网络为农业主管部门（管理者）、农技专家（农技员和专家）及农户（普通农户和大户）提供的一套满足农技推广交流互动、推广服务管理等应用需求的综合信息服务
16	农业服务网	提供丰富的行业动态、推荐企业、产品展示、种植技术、养殖技术、供应信息、求购信息、行业展会等方面资讯，用户可以根据需求进行浏览，选择适合自己的产品或服务
17	农业农药商城	实用性信息平台，包括农业农药行业动态、政策法规、产品分类、商铺展示、会员功能、版本检测、地图定位、一键拨打联系人电话、浏览关于我们联系人信息等功能
18	农业信息	农业信息是专业提供农业相关产品的移动应用，包含农产品、农用机械、农用化肥等
19	农机帮	农机360网旗下的手机移动应用，为用户提供农机作业供需匹配、农作物种植情况查询、农机维修位置服务、农机补贴查询、农机电子商务以及浏览行业新闻资讯等服务
20	农业机械网	具有国际新闻、行业动态、农机行情、热点新闻等功能。包括用品图库、产品供求、企业与网络、行业资讯、会展 、人才、行业技术、标准、用品社区等频道
21	农业机械门户	农业机械产品网络交易平台，免费展示最新最全农业机械信息，农业机械价格，农业机械产品介绍，农业机械行情，农业机械信息及市场资讯
22	农业饲料网	为农业饲料产业链上下游客户量身定制的一款行业标注化应用软件，为广大客户提供最前沿的行业资讯、最精准的产品及价格、最专业的技术、最活跃的供应商等信息服务

参考文献

[1] Alfred Said Sife, Elizabeth Kiondo, Joyce G. Lyimo Macha. Contribution of Mobile Phones to Rural Livelihoods and Poverty Reduction in Morogoro Region, Tanzania [J]. Ejisdc the Electronic Journal on Information Systems in Developing Countries,2010,42.

[2] Brandie Martin,Dr. Eric Abbott. Development Calling:The Use of Mobile Phones in Agriculture Development in Uganda[J]. Greenlee. School of Journalism & Communication,2010:1-5.

[3] Donner,J. Research Approaches to Mobile Phone Use in the Developing World: A Review of Literature[J]. Information Society,2008,24(3):140-159.

[4] Ho,Chee Keong,See,Terence S. P. ,Yuce,Mehmet R. M. R. An ultra-wideband wireless body area network:Evaluation in static and dynamic channel conditions[J]. Sensors and Actuators A: Physical,2012,180:137-147.

[5] Huan-Bang Li,Takizawa,K. -i. ,Bin Zheri,Kohno,R. Body area network and its standardization at IEEE 802. 15. MBAN[J]. Mobile & Wireless Communications Summit,Ist,2007:1-5.

[6] James Love. Pricing government information[J]. Journal of Government Information,1995,22(5):363-387.

[7] Jensen,Robert. The digital provide:Information (technology),market

performance, and welfare in the South Indian fisheries sector[J]. Quarterly Journal of Economics, 2007, 122(3): 879-924.

[8] Moyo, O. T. Grassroots activities and case studies in information provision to rural communities [J]. In: Proceedings of the seminar on information provision to ruralcommunities in Africa, Gaborone, Botswana, 1994.

[9] Malindi, Phumzile. Methods for Providing Rural Telemedicine with Quality Video Transmission [J]. Doctoral Thesis, Cape Peninsula University of Technology, 2006.

[10] Rashid, A. T., Elder, L. Mobile phones and development: An analysis of IDRC-Supported projects[J]. Electronic Journal on Information Systems in Developing Countries, 2009, 36: 16.

[11] Ryan Womack. Information intermediaries and optimal information distribution [J]. Library & Information Science Research, 2002, 24(2): 129-155.

[12] Caudle, SL. Strategic information resources management: Fundamental practices[J]. Government Information Quarterly, 1996, 13(1): 84-97.

[13] SNS Pascua, RG Zagado, ORM Asis, OC Domingo. Enhancing knowledge networking through short messaging service: the Farmers' Text Center experience[J]. Philippine Journal of Crop Science, 2010.

[14] V Glass, S Talluto, C Babb. Technological breakthroughs lower the cost of broadband service to isolated customers [J]. Government Information Quarterly, 2003, 20(3): 121-133.

[15] 曹锦波. 农业信息服务体系建设[J]. 价格月刊, 2001, 5: 39-40.

[16] 陈海淳. 发达国家农业信息化对我国的启示和借鉴[J]. 科技进步与对策,2003,14:121-123.

[17] 陈立平. 农村信息服务途径和模式研究[D]. 中国农业科学院,2006.

[18] 陈良玉,陈爱锋. 中国农村信息化建设现状及发展方向研究[J]. 中国农业科技导报,2005,2:67-71.

[19] 陈冉,李旭辉. 安徽省农村信息服务问题研究——基于安徽省农村调研[J]. 安徽农学通报(上半月刊),2010,17:186-187,195.

[20] 陈肖凤,徐洁,王晓明,等. 非政府力量参与我国乡村图书馆建设的实证研究[J]. 新世纪图书馆,2011,4:86-89.

[21] 陈元勇. 加强农业信息化建设推动现代农业发展的思考[J]. 福建论坛(人文社会科学版),2008,S2:251-253.

[22] 程国强,朱满德. 中国工业化中期阶段的农业补贴制度与政策选择[J]. 管理世界,2012,1:9-20.

[23] 戴文红. 论新农村媒介传播"瓶颈"的突破[J]. 新闻界,2007,3:47-48.

[24] 杜刚,钱金良,朱卫华,等. 农村信息服务主要媒介的现状与思考[J]. 农业网络信息,2010,08:98-100+108.

[25] 杜立芳. 社会主义新农村建设中发挥农民主体作用研究[D]. 华东师范大学,2007.

[26] 杜宇能. 加拿大农业土壤信息服务平台评述及其对中国的启示[J]. 世界农业,2012,1:20-23.

[27] 傅兵. 江苏农业信息化:现状与创新[J]. 江苏农村经济,2008,7:61-63.

[28] 傅兵,曹卫星. 美国农业信息化的特点与启示[J]. 江苏农业科学,2006,6:7-10.

[29] 高洪皓,陈韶君,叶基瑶. 基于移动终端的"三农"信息化领域服务重用技术研究[J]. 农业网络信息,2009,4:17-21.

[30] 高万林. 新农村信息化探索[M]. 北京:中国农业大学出版社,2011.

[31] 高万林,岑光,李佩佩. 农业产后信息化的分析与探讨[J]. 农学学报,2015,3:85-88.

[32] 高万林,李佩佩,李桢,等. 农业信息化 3×3 架构探讨[J]. 农学学报,2015,4:97-102.

[33] 高万林,李桢,于丽娜,等. 加快农业信息化建设 促进农业现代化发展[J]. 农业现代化研究,2010,3:257-261.

[34] 高万林,李桢,张港红. 农村电子政务应走"三位一体"发展之路[J]. 中国农村科技,2012,6:46-48.

[35] 高万林,刘自力,李桢,等. 三方协力加快农村信息化人才培育[J]. 农学学报,2013,9:56-59.

[36] 高万林,王进,李桢,等. "三机并进"引领新农村综合信息服务[A]. 中国农业工程学会. 纪念中国农业工程学会成立 30 周年暨中国农业工程学会 2009 年学术年会(CSAE 2009)论文集[C]. 中国农业工程学会,2009:5.

[37] 高万林,王进,李桢,等. "三链相扣"激活农村电子商务[J]. 中国农村小康科技,2011,1:35-38,46.

[38] 高万林,武斌,陶红燕,等. 三农视频资源管理系统设计[J]. 农学学报,2015,6:132-136.

[39] 高万林,杨克敏,李佩佩. 农业产前信息化的分析与探讨[J]. 农学学报,2015,2:96-99.

[40] 高万林,于丽娜,李桢,等. 新农村信息化建设"一才三务"推进模式探讨[A]. 中国农业工程学会. 纪念中国农业工程学会成立 30

周年暨中国农业工程学会 2009 年学术年会(CSAE 2009)论文集[C],2009:4.

[41] 高万林,于丽娜,武斌. WebGIS 在农业灌溉信息管理中的应用研究[J]. 地理信息世界,2010,2:22-26.

[42] 高万林,张港红,李桢,等. 关于农业信息化与农村信息化关系的探讨[J]. 中国农学通报,2011,1:466-470.

[43] 高万林,张树亮,李佩佩,等. 三农网络文本信息资源集成系统[J]. 农学学报,2015,11:103-108.

[44] 高万林,郑远,陶红燕,等. 农业产中信息化的分析与探讨[J]. 农学学报,2015,5:98-101.

[45] 高锡荣,唐茜,黄佳丽. 农村信息服务市场建设研究[M]. 北京:社会科学文献出版社,2010(3).

[46] 宫继兵,王睿,崔莉. 体域网 BSN 的研究进展及面临的挑战[J]. 计算机研究与发展,2010,5:737-753.

[47] 古斯托·内梅什,苏珊娜·法洁卡什,庞娟. 欧洲新农村的发展范式[J]. 经济社会体制比较,2007,2:75-81,74.

[48] 管桦. 探讨农村信息资源发展状况、存在的问题及对策[J]. 湖北省社会主义学院学报,2008,3:78-80.

[49] 郭敏. 增强服务意识　提升农村广播的传播效果[J]. 现代视听,2007,3:55-56.

[50] 郭芹. 基于农村信息化的农村知识服务研究[D]. 安徽大学,2012.

[51] 郭庆光. 传播学教程[M]. 北京:中国人民大学出版社,2004.

[52] 郭永田. 农村信息化推动了“三农”事业的全面发展[N]. 农民日报,2009-07-20.

[53] 郭永田. 我国农村信息化发展进入新阶段[J]. 电子政务,2009,

5:99-104.

[54] 英国农业、农村的信息化建设[J]. 世界农业,2013,2:105-109.

[55] 郭作玉. 中国农村市场信息服务概论[M]. 北京:中国农业出版社,2005:14-15.

[56] 郭作玉. 中国信息化趋势报告(四十九)我国农业信息服务进入新阶段[J]. 中国信息界,2006,11:9-15.

[57] 韩旭,李旭辉. 以政府为主导的农村信息服务体系研究[J]. 农业网络信息,2012,10:106-108.

[58] 胡阳. 我国数字化信息服务的社会化管理研究[D]. 湘潭大学,2008.

[59] 黄本笑,范如国. 管理科学理论与方法[M]. 武汉:武汉大学出版社,2006(1):1.

[60] 论新中国六十年广播电视的发展道路[J]. 现代传播-中国传媒大学学报,2009,6:1-4.

[61] 暨群霞. 我国农村信息服务存在的问题与对策[J]. 中南林业科技大学学报(社会科学版),2008,6:137-139.

[62] 江益璋. 访欧洲农村更新竞赛冠军——德国梧梦村[J]. 农民文摘,2006,5:52-54.

[63] 姜照君. 数字鸿沟与数字机遇——农村现代网络信息传播的"软资源"思考[J]. 声屏世界,2005,10:11-12.

[64] 赖世刚. "湖北省农业信息服务体系"的设计与实现[D]. 华中农业大学,2012.

[65] 雷英,胡生林. 发挥电视媒体在农业信息化中的作用[J]. 农业图书情报学刊,2008,9:121-122,128.

[66] 李道亮. 以他山之石 攻中国特色农村信息化之路——欧洲现代农业对我国农村信息化的启示[J]. 互联网天地,2008,4:62-63.

[67] 李道亮. 中国农村信息化发展报告(2007)[M]. 北京:中国农业科学技术出版社,2007.

[68] 李道亮. 中国农村信息化发展报告(2008)[M]. 北京:电子工业出版社,2008.

[69] 李广乾. 四川省农村信息化建设的案例研究[J]. 电子政务,2008,1:23-28.

[70] 李瑾,赵春江,秦向阳,等. 农村信息服务综合评价及影响因素研究——基于宁夏回族自治区村级视角的调研分析[J]. 中国农业科学,2011,19:4110-4120.

[71] 李永健. 大众传播与新农村建设[M]. 北京:中国传媒大学出版社,2009.

[72] 李玉霞,王辉,周智男. 农业信息网络体系建设的制约因素及对策探讨[J]. 河北农业大学学报(农林教育版),2009,3:376-379.

[73] 林桂红. “十二五”时期广西发展信息农业对策探微[J]. 学术论坛,2011,07:117-120.

[74] 刘金爱. 推进我国农业信息化建设的思考[J]. 理论学刊,2008,6:49-51.

[75] 刘世洪. 论我国农村信息化可持续发展的战略任务[J]. 农业图书情报学刊,2005,2:5-9.

[76] 刘小平. 以农业信息化作为新农村建设的突破口[J]. 安徽农业科学,2007,12:3753-3754.

[77] 陆媚,贺根生. 手机在民族地区农村科技传播中的作用[J]. 科技传播,2009,2:27-28.

[78] 路献琴. 山西农村信息化现状及未来发展研究[J]. 沧桑,2005,1:24-25.

[79] 卢先领,彭能明,陆胜男,等. 无线体域网节能策略综述[J]. 计算

机应用研究,2013,2:325-329.

[80] 罗建兵,许敏兰. 农产品补贴与可持续发展:欧盟的经验及对中国的启示[J]. 西南农业大学学报(社会科学版),2008,4:27-30.

[81] 罗涛,李煦,周新跃,等. 基于知识供应链的中国农村信息服务模式研究[J]. 湖南农业科学,2009,7:117-119.

[82] 马慧茹. 新农村建设视野下电视对农传播受众探析[D]. 山东大学,2009.

[83] 马文琛. 云南省农业信息化建设现状及对策研究[J]. 中国市场,2013,32:36-37,42.

[84] 马云泽. 论新型工业化下的农业信息化[J]. 农业经济问题,2003,12:31-34,80.

[85] 孟枫平. 日本农业信息化进程的主要特点[J]. 世界农业,2003,4:38-39,47.

[86] 孟广文,Hans Gebhardt. 二战以来联邦德国乡村地区的发展与演变[J]. 地理学报,2011,12:1644-1656.

[87] 缪惠茹,李硕,侯攀峰. 浅析中国农村信息产业的发展[J]. 科技致富向导,2011,24:63.

[88] 庞岱军. 泰安市农村信息服务平台建设研究[D]. 山东农业大学,2009.

[89] 秦鹏哲,李泽荣,刘维斯,等. 应对新发传染病的健康传播策略[J]. 中国健康教育,2009,5:394-395.

[90] 申利,张如如. 日本农业科技信息服务保障体系特点及其启示[J]. 商场现代化,2009,3:149-150.

[91] 沈瑛. 国外农业信息化发展趋势[J]. 世界农业,2002,1:43-45.

[92]《世界热带农业信息》2010 年总目录[J]. 世界热带农业信息,2010,12:27-34.

[93] 苏明,王小林,陈冠群. 国外公共财政支持农业和农村发展的主要途径及启示[J]. 经济研究参考,2007,24:4-11.

[94] 谭舒.电视媒体拓展农村市场的思考[J].传媒观察,2009,7:35-36.

[95] 涂江华,罗彧珩,李莉. 贵州省农业农村信息化建设现状及对策建议[J]. 贵州农业科学,2009,8:250-252.

[96] 万学道,邹积红,杨红军,等. 市、县、乡、村四级网络联动探索农村信息服务模式[J]. 农业网络信息,2006,3:34-37.

[97] 万有鹏,万玉秀. 浅谈农村信息化的发展趋势[J]. 农民致富之友,2011,6:13.

[98] 王爱云.农村信息服务云模式探讨[J].理论视野,2011,6:71-72.

[99] 王成武. 安徽省农业信息化现状与对策研究[D].安徽农业大学,2011.

[100] 王东. 美荷日农业科技推广特点及模式研究[J]. 世界农业,2012,12:1-3.

[101] 王明源. 信息传播技术与农业推广[J]. 上海农业科技,2007,2:9-10.

[102] 王庆玲. 我国医疗保障问题的思考[J]. 中国新技术新产品,2011,10:225.

[103] 王全兰. 农村信息服务体系的构建[J]. 郑州航空工业管理学院学报,2011,1:101-105.

[104] 王世民. 农村信息化建设中的问题与对策研究[J]. 农业网络信息,2013,8:9-12.

[105] 王庥林. 中国农村医疗保障制度研究[D].西北农林科技大学,2012.

[106] 王洋,李旭辉. 安徽省农村信息服务现状及建设措施[J]. 科技情报开发与经济,2010,26:99-100,109.

[107] 王志成,牟德昆. 我国农村信息化发展现状及趋势[J]. 上海信息化,2011,3:36-39.

[108] 韦红. 马来西亚农业发展的困境及政府对策[J]. 社会主义研究,2005,5:79-81.

[109] 温继文,李道亮,朱翔,等. 我国与美国农业信息服务体系建设的比较研究[J]. 南方农村,2006,1:49-53.

[110] 温新荣,丁艳. 以色列生态农业对我国西北地区农业发展的启示[J]. 内蒙古农业大学学报(社会科学版),2008,4:56-57,60.

[111] 吴锋,曹英群. 关于我国农村报刊发行现状的调查报告[J]. 今传媒,2007,11:22-24.

[112] 吴锦娇,周秋慧. 农业信息化在新农村建设中的作用[J]. 现代农业科技,2010,14:396.

[113] 向南. 韩国农业信息化服务体系建设经验及启示[J]. 天津农业科学,2012,5:84-88.

[114] 肖建英. 美国农业信息共享及对中国的启示[J]. 世界农业,2009,11:23-25.

[115] 肖淑兰. 公共财政支持下的现代农业发展战略研究[J]. 湖南农业科学,2009,8:103-105,109.

[116] 解建立. 国外城乡基本公共服务供给制度安排及其对中国的启示[J]. 河北师范大学学报(哲学社会科学版),2009,4:28-34.

[117] 徐方. 农村互联网应用现状与对策研究[J]. 科技创业月刊,2012,12:59-60.

[118] 徐文静,高万林. Web Service 在农业信息网络中的应用[J]. 计算机与信息技术,2005,8:80-81.

[119] 许世卫. 美国农产品信息分析预警工作考察报告(上)[J]. 农产品市场周刊,2012,20:57-61.

[120] 许世卫,李哲敏,李干琼. 美国农业信息体系研究[J]. 世界农业,2008,1:44-46,54.

[121] 徐雪高,季牧青,沈杰. 农村受众大众传媒生态现状、成因及对策[J]. 湖南大众传媒职业技术学院学报,2008,3:29-33.

[122] 薛瑞.新公共服务理论视角下的农村广播电视长效发展研究[D].华中师范大学,2011.

[123] 杨艺,刘雅文. 韩国农业信息化发展的特点及启示[J]. 经济纵横,2007,13:62-64.

[124] 姚国章,丁慧. 韩国移动农业信息服务系统[J]. 电子政务,2010,12:55-57.

[125] 姚君喜. 甘肃大众传播与社会发展报告[M].兰州:甘肃民族出版社,2005(5).

[126] 叶剑平,毕宇珠. 德国城乡协调发展及其对中国的借鉴——以巴伐利亚州为例[J]. 中国土地科学,2010,5:76-81.

[127] 易萍.四川农村信息化过程中的手机媒体应用研究[D].四川:电子科技大学硕士学位论文,2012.

[128] 张灿明. 湖南省农村信息服务创新与保障机制研究[D].湘潭大学,2010.

[129] 张海云. 农业信息化建设在农村经济发展中的作用[J]. 现代农业科技,2010,9:38,40.

[130] 张红宇. 从英法农业现状看欧盟共同农业政策的变迁[J]. 世界农业,2012,9:1-5.

[131] 张建平. 加强农业信息化建设 促进现代农业发展[J]. 企业家天地下半月刊(理论版),2007,6:6-8.

[132] 张凌云,郑红剑. 我国农村信息服务问题与对策探讨[J]. 现代商贸工业,2013,1:45-46.

[133]]张明新. 我国农村居民的互联网采纳的探索性研究[J]. 科普研究,2006,2:8-18.
[134] 赵俊晔. 我国农村信息服务的特点与模式选择[J]. 农业图书情报学刊,2006,11:26-29.
[135] 赵元凤. 发达国家农业信息化的特点[J]. 中国农村经济,2002,7:74-78.
[136] 赵月. 大力发展农村互联网 积极应对城乡数字鸿沟[J]. 农家科技,2011,S2:3-4.
[137] 赵振东. 推进农村信息服务的建设[J]. 中国新技术新产品,2010,4:239.
[138] 赵志立. 缩短"信息沟"与建设新农村[A]. 中国科技新闻学会、中国国际科技会议中心、科学时报社. 全民科学素质与社会发展——第五届亚太地区媒体与科技和社会发展研讨会论文集[C],2006:5.
[139] 郑海芬,罗灿,张灿明. 湖南省农村信息服务的现状与发展对策[J]. 内蒙古农业大学学报(社会科学版),2010,3:103-105.
[140] 郑慧会. 农村信息化过程中的知识服务模式研究[D]. 曲阜师范大学,2010.
[141] 郑素侠. 互联网在中国大陆扩散的区域性差异[J]. 国际新闻界,2007,2:55-59.
[142] 周璐. 广东省农村信息化建设分析与对策建议[J]. 电脑与电信,2010,8:77-78,81.
[143] 朱虹. 奥运与广电[J]. 有线电视技术,2008,2:1-2.
[144] 朱虹. 广播影视发展政策研究理论卷[M]. 北京:红旗出版社,2010,1:259.
[145] 朱虹. 广电政策与未来走向[M]. 开封:河南大学出版社,2007,

1:23.

[146] 朱淼,包琳. GIS 系统在日本农业中的应用以及对我国农业信息化发展的启示[J]. 硅谷,2012,19:34-35.

[147] 朱学芳,朱鹏. 农村信息资源共建服务系统设计与实现研究[J]. 吉林农业,2011,9:38-39.

[148] 邹华华. 浅析新媒体在城乡和谐发展中的作用[J]. 郧阳师范高等专科学校学报,2008,1:93-97.

[149] 邹华华,刘洪. 新媒体对农传播的现状、问题与对策[J]. 新闻界,2007,2:70-71.